名校名师
导读书系

徐井才◎主编

自然史

（法）布封　著

NATURAL HISTORY

新华出版社

图书在版编目（CIP）数据

自然史/徐井才主编.
—北京：新华出版社，2013.1（2023.3重印）
（名校名师导读书系）
ISBN 978 - 7 - 5166 - 0306 - 2 - 01

Ⅰ.①自… Ⅱ.徐… Ⅲ.①自然科学史—世界—少年读物
Ⅳ.①N091 - 49

中国版本图书馆 CIP 数据核字（2013）第 008730 号

自然史

主　　编：徐井才

封面设计：睿莎浩影文化传媒　　　　责任编辑：江文军

出版发行：新华出版社
地　　址：北京石景山区京原路 8 号　　　邮　　编：100040
网　　址：http：//www.xinhuapub.com
经　　销：新华书店
购书热线：010 - 63077122　　中国新闻书店购书热线：010 - 63072012

照　　排：北京东方视点数据技术有限公司
印　　刷：永清县晔盛亚胶印有限公司

成品尺寸：165mm×230mm
印　　张：12　　　　　　　　字　　数：160 千字
版　　次：2013 年 3 月第一版　　印　　次：2023年3月第三次印刷
书　　号：ISBN 978 - 7 - 5166 - 0306 - 2 - 01
定　　价：36.00 元

目　录

名师1+1导读方案

作家编委会 + 优秀教师编委会 = 名师1+1

为广大学生制定行之有效的名著阅读方案

名著阅读六大要点

一、理解**关键词句**的含义和作用

二、积累**好词好句好段**

三、了解作品的主要**内容和主题**

四、把握**人物形象**的特点

五、感受**语言的优美**

六、有自己的**体会和看法**

一、理解关键词句的含义和作用

我们在阅读文学名著时，往往会遇到一些难以理解的词句，这样就会阻碍我们读懂某一句话或某一段话的意思。所以，我们必须正确理解词句的含义。而理解词句不能仅仅局限在表面含义，还要认真体会它们所表达的作用。

1. 联系上下文理解关键词句的含义

我们在阅读时会遇到一些生词，这时我们可以结合词语所在的语句的意思来理解它的含义。有时仅理解词语的本义是不够的，作者会为了表达某一种意思，而采用一些词的特殊含义，这时我们可以通过联系上下文的具体内容来理解这些关键词句的含义。

比如《水牛》这篇文章当中对水牛的描写："水牛除了长相丑陋外，还脾气暴躁、乖戾，性格阴晴不定，很难被驯化、收服。"这句中的"阴晴不定"就不是指天气一会儿阴一会儿晴了，而是比喻水牛的性格变幻不定、难以捉摸。

2. 联系上下文体会关键词句的作用

了解了词语的含义，我们还要联系文章的具体内容，仔细体会词语所表达的信息和作用。一些关键词语既可以表达人物的感情、心情，又可以展示人物的性格特点。

比如："此时的雄河狸不再住在家里，而是离开住宅，到田间地头去欣赏春景、寻找美食。"这里的"欣赏"一词既体现了雄河狸在做了父亲之后，雌河狸在家照顾宝宝期间的悠闲自在的心情，同时说明河狸实在是一种很懂得享受生活的小动物。

二、积累好词好句好段

我们在阅读文学名著时，会读到很多优美的词句、精彩的语段，这时就需要我们认真体会，多读、多记、多积累，然后多用、多学习。这样，我们以后就不怕写作文啦！

1. 好词

文学作品就像词语的百宝箱，它有生动形象的动词、丰富细腻的形容词、准确传神的拟声词，还有很多精练简洁的成语等，这些都值得我们好好学习。

比如：温文尔雅、坦诚、深邃、野心勃勃、谄媚、乖戾、销声匿迹、蜷缩、逃窜。

2. 好句

文学作品中还有很多优美的句子，有描写人物外貌的、有描写美丽风光的、有展开精彩对话的。这些句子描写准确，并运用了比喻、拟人、排比等修辞手法，这些都是值得我们积累、学习的好句子。

比如："或许狼是动物界里精力最充沛的，一天的大部分时间，狼都像一个孤独的旅人，四处游荡，似乎永不知倦。"

3. 好段

精彩的段落描写在文学作品中也很常见，有的巧用修辞展现妙趣横生的情节，有的用优美的语言描写景物等。我们平时应该注意积累和学习，这对我们写作文会有很大的帮助。

比如：绿色流淌的森林中，纯情歌手——莺群集现场，准备随时演出。它们身手敏捷、动作轻盈、歌喉婉转，每一个舞姿都充满着按捺不住的喜悦之情，每一段歌声都透露着毫不掩饰的欢乐。

三、了解作品的主要内容和主题

文学作品反映了特定时代的历史和社会内容，展现了丰富多彩的社会生活。阅读文学名著时，要注意把握作品的主要内容和主题。

1. 了解文学作品展现的主要内容

阅读文章时，扫清了字词句的障碍后，我们就可以来整体地把握文章的主要内容。只有抓住了文章的主要内容，才能更准确地了解作者的思路，提高我们分析、概括和认识的能力。

作者以科学的观察为基础，用形象的语言勾画出各种动物的一幅幅肖像，还通过拟人化的手法，在一定程度上反映了反封建的民主思想倾向。

2. 了解作品所表达的主题

作者写一篇文章总有他的目的，当我们能够把握文章的主要内容、体会文章的故事情节时，我们就可以深入地去感受作者的思想情感了。阅读文章时，我们把作者在文章中阐明的道理、提出的主张、流露的思想感情概括起来，我们就准确地把握了文章的中心思想，也就能更深刻地理解文章的主旨了。

《自然史》展示了艺术家的一种人生态度。作者以异常平静、悠然自得的语言去歌颂大自然的一草一木，盈尺之内呈现着万物的尊严与灵性。

四、把握人物形象的特点

在文学作品中，我们会发现有各式各样的人物形象，有的可爱、有的勇敢、有的懦弱等。在阅读文学作品时，我们要注意了解人物形象最突出的特点，抓住人物性格中与其他人不同的地方，这样才能更好地理解文学作品。

比如《南美鹤》中的描写："它们喜欢主人。它们表示对主人的亲昵和爱戴之情时，就在主人身边跑来跑去，大献殷勤。它们如果讨厌某种动物，也毫不掩饰，而且会发起攻击，用嘴把对方啄走。"从这段介绍中我们可以清楚地看出南美鹤爱憎分明、毫不虚伪的性格特征。

五、感受语言的优美

好的文学作品经常运用优美的语言来讲述生动的故事，表达强烈的情感。我们在欣赏文章的语言时要注重文章所采用的各种修辞手法，通过对这些修辞手法的鉴赏来提高我们的语言应用能力，将我们学到的优美语言更好地运用在我们的写作中。

比如："等到天色渐晚，夜幕笼罩一切后，它们（山鹬）会出来透透气，在夜色的掩护下飞往林中空地，在柔软的草地上快乐地玩耍嬉戏，在潮湿的沼泽里洗澡，除去身上的污垢。"这一句就用生动的拟人手法把山鹬活泼可爱的形象细腻传神地展现在读者面前。

六、有自己的体会和看法

文学作品问世之后会遇到各种各样的读者。因为读者的经历、知识和看待问题的角度不同，所以，每个读者对作品的体会也是不一样的。我们在阅读文学作品时要有自己的体会，这样才能有收获。

比如《鹳》中对鹳的反哺之情的描写让人反思：鹳虽只是一种飞禽，可它们对年老的父母照顾得无微不至的行为习性会让一些读者心生愧疚，引发深思，甚至能影响很多人的生活。

马

人类在其发展的历史上做过很多值得称道的事情，其中一件就是把强悍而又野性十足的马驯服了。马是一种能和人类同甘共苦、不离不弃的动物。它们常常和人类一起承担征战沙场的苦难和长途跋涉的艰辛，也和人类共同分享胜利的喜悦和凯旋的荣耀。它们有足够的勇气面对危急情况，也能足够威猛地挑战强敌。在险象丛生的战场上，它们总是毫无畏惧地冲锋陷阵，为主人冲开一条血路。战场上各种兵器互相碰撞，发出铮铮鸣音，有时甚至火花四溅，【场面描写：既描写出了战斗场面的激烈，又用想象摹写声音和细节，以此渲染战争气氛，充分表现了马的英勇无畏、所向披靡。】但它们对此一点也不害怕，反而像喜欢这种声音似的，就像喜爱悦耳的音乐一般去享受它。可能它们的心此时正陶醉在这种声音里吧，或者正是这种声音让它们的自然天性得以淋漓尽致的发挥吧，因此，它们总是渴望追随着这种特殊的音乐。马有很多优点，无论是在林中追赶猎物，赛场上飞驰冲刺，还是在原野上自由奔跑，它们都能以自己完美的表现给主人带来欢乐。

马很通人性，懂得顺从，知道怎样节制自己，它们从不以胡乱发脾气来表现自己的烈性。当主人骑在它们背上时，它们不但能乖乖服从主人的指挥，还能知道主人没有明确传达出来的愿望。因此，它们可以根据主人的要求来决定自己的行为，是奔跑、慢行，还是停止前进。我们从内心感觉到马天生就有一种奉献精神，是一种舍己为人的动物。在一些特殊情况下，为了主人，它们甚至愿意献出自己的生命。

我们上面所说的顺从而温顺的马，指的是已经被人类驯化的马，而不是天然的野马。它们一出生就在人类的喂养下接受各种训练，弱化了它们原有的烈性和狂放，因此，我们已经无法从其身上看到它们的纯自然状态了。它们为人类工作的时候，总是戴着重重枷锁，背上戴着马鞍，嘴上戴着辔头。即使在它们休息时，人类也不会轻易给它们解下这些枷锁，不过人类偶尔也会发发慈悲，暂时恢复它们的自由之身，让它们在草场上无拘无束地奔跑、跳跃、嘶鸣。即使这时，它们身上也总流露出被人类奴役的印迹：嘴巴上有嚼子勒过的印痕，腹部因马鞍的夹挤而有些变形，蹄子上的铁掌犹在，身体姿态也没有了自然之美。因此，即使人们完全解除它们身上的枷锁，它们一时也恢复不了那种最初的自然状态。

人类总会有各种各样的虚荣之心，因此马的主人有时会把自己的马像打扮新娘一样精心打扮一番——在其额头上点缀靓丽的鬃毛，就像小姑娘眉心的一点朱砂痣；【比喻：用小姑娘眉心的朱砂痣比喻马额头上的鬃毛，显示马可爱的样子。】身上也披红挂绿的，金色的丝帛和崭新的毛毡堆砌一身；连颈上的毛发也被梳成各式各样的小辫子。其实，马并不乐意被人类这样任意摆弄，就像它们不愿意蹄子被钉上铁掌一样，它们还是渴望自由和无拘无束的奔跑。

即使这样的精心打扮，也无法和马的自然天性之美相比。你要是不信，我们去南美洲看看那些在天空下自由驰骋的野马就明白了。它们这一群自然之子无忧无虑地在一望无际的草原上自由自在地飞驰着、欢快无拘地跳跃着、激情奔放地嘶鸣着，【动作描写："飞驰"、"跳跃"、"嘶鸣"，一连串的动作，形象地展示了马的自然天性美，以及马的充沛精力。】不受任何节制和约束。它们为这种无比的洒脱而骄傲，为自由释放激情而自豪。它们生活的周边就有丰美的水草，让他们可以轻易地找到食物，所以它们不愿被人类豢养，过那种虽然衣来伸手、饭来张口但却没有自由的生活。它们没有固定的家，或者说它们处处为家，晴朗湛蓝的天空下，到处都是安家的好地方。它们时常仰起头来对着天空中的朵朵白云嘶鸣一阵，像是在为自己的幸福生活唱一首赞歌；它们尽情呼吸着纯净怡人的空气，投入地闻嗅着空气里弥漫着的花草的芳香。【拟人：用人类的"唱歌"比拟马的嘶鸣，体现了自由状态下马沉醉的样子。】这里的空气一直都是那么的清新、洁净，还有着淡淡的露珠的湿润，绝没有马粪或掉落的马毛发霉后发出的那种馊臭味儿，一切都那么美好。因此，生活在这里的野马和那些被人类驯养的马比起来就有无比的优越性：身体更强壮，奔跑起来都能看见它浑身的肌肉随着马蹄的起落而有节奏地抖动着，衬着光滑如缎的皮毛，健美极了！【外貌描写：用马身上肌肉的抖动体现观察的细致，展现了马的健美。】它们的身手更敏捷，步态更轻盈，一跑起来就如离弦的箭，飞一般的蹄起蹄落间它们就从眼前消失了；它们的性格也更彪悍，野性十足，在天空下或奔跑，或扬蹄，或嘶鸣，或静处，无一不体现了它们自由不受拘束的天性。这些优点都是大自然赋

予的，而家养的已经被驯化的马，所拥有的只是一些讨人喜欢的技巧、<u>察言观色</u>的谄媚罢了。【成语：言简意赅地表现了马善于观察人的脸色、揣摸人的心意。】

下面，我们接着欣赏一下马的其他天性。它们虽然都力大无穷，但绝不凶猛残暴；虽然狂放不羁，但绝不飞扬跋扈；虽然喜欢无拘无束，但决不胡作非为。和别的大型动物比较，马有很多优秀品质，它们从不像狮子、老虎那样主动攻击别的动物。即使它们被别的种群攻击而反击，也只是自我防卫罢了，它们最多只会把攻击者赶跑，而不会拼得血肉横飞、气息奄奄，非得分出个你死我活不可。它们总是结成庞大的、蔚为壮观的队伍，而这只是因为它们享受这种群居的乐趣，而绝不是出于胆怯怕事。事实上，它们无所畏惧，基本上也没有必要成群结队地抵御外敌，也不会为了抢夺食物而向其他动物挑战，因为它们对肉食没有兴趣。它们更不会为了食物而互相厮杀，毕竟它们生活的周围水草丰美，足够让它们吃得肚皮圆滚滚的。生活环境的优越和马自身的品性，让它们与本性凶狠，残忍好斗的肉食动物完全不同。所以，马虽群居却能彼此相安无事，和睦相处。它们除了吃饱和撒欢之外没什么奢望，彼此之间也不会产生忌妒之心。这些高贵得甚至让人类都仰慕的品质，我们可以从人类成群饲养的或放牧散养的马的身上看得清清楚楚。

马还天生具有合群的品质和习性，它们通常是以竞赛的方式来展现自己充沛的精力和无限的激情。奔跑时，它们抢着跑在最前面；战场上，它们英勇无惧地渡过河流，争先恐后地越过壕沟。即使向前冲是死路一条，它们也勇往直前，绝不显露半点怯懦之情，更不会临阵脱逃。那些跑在最前面的马是最勇猛、最优秀的，被人类驯化后，它们却又往往是最温顺乖巧的，常常表现得绅士一般温文尔雅、彬彬有礼。【✍成语：用简洁的语言写出了马像人一样态度温和有礼，举止文雅端庄。】

除了上面所说的马所拥有的优良天性外，马的外形体态也非常俊美优雅。在所有外形庞大的动物中，马的身体比例几乎是最匀称、最完美的，就像是身材魁梧的美男子一样富有魅力。如果把马和其他动物相比较，我们能轻易地找出其他动物外形上的缺陷：驴子的脸太长，狮子的头过大，牛粗壮的身躯和它细小的四肢极不协调，骆驼的驼峰破坏了它流畅的线条。【✍对比：用驴子、狮子等动物和马作对比，突出了马体形的完美。】至于那些体形比马更大的动物，如犀牛、大象等，就外形来说，它们只能算作还没发育完全的肉团而已。除此之外，马的头部和躯干的比例十分恰当，马还有一张富有表情的脸，这与它们那优雅流畅的脖子相映生辉。马一抬头时高贵和优雅，简直可以和人类平起平坐，平等对话，有时甚至都让人类自叹不如呢！

马的眼睛炯炯有神，充满情感，目光坦诚、深邃；耳朵也很好看，大小适度；鬃毛和头部相协调，恰好笼罩在它们的脖颈上；尾巴上的毛细密绵长，柔顺地低垂在身后，并且恰好垂到身躯的末端，与躯干非常和谐。它们虽然体表皮肤上，覆盖着柔韧的，皮肤披着厚密的毛发，但蚊虫的叮咬还是让它们伤透脑筋，烦恼不已，这时，长长的尾巴就派上了用场，恰好可以用它来驱赶蚊虫。

野马虽然天性桀骜难驯，狂放不羁，但它们并不凶狠。它们在草原上自由自在像鸟儿一样飞驰，无拘无束撒娇般地嘶鸣，【比喻：把马比喻成鸟，生动地再现了野马对自由的充分享受。】时刻展现着壮美的力量，迸发着汹涌的激情，不愧为大自然的杰作。

阿拉伯马

阿拉伯人都拥有自己的马，就像是人们都拥有自己的孩子一样。他们不论在物质上是贫穷还是富有，在地位上是高贵还是卑微，在拥有马这一点上是平等的。他们的马属于骉马，这种马和别的品种的马相比有更多的优点：更能抵抗疲劳，也更能忍耐饥渴，而且几乎没有其他马所存在的天生缺陷。阿拉伯马也和其他的马种一样，喜欢群居，即使没有人看管，它们也能和平相处，从不厮咬、打斗。阿拉伯人住在帐篷里，以它为家(《自然史》为法国博物学家布封所著，1749年首次出版。本着尊重原作的精神，本书对当时的社会风俗等未作改动，下文类似情况同此处理)，过着随水草而迁移的游牧生活。因此，帐篷也充当马厩，人和马共同睡在帐篷里。如果有小孩儿靠在或骑在马的身上，马从来不会伤害他们，甚至小心得不敢挪动身子，像一个尽职尽责的母亲，唯恐把睡梦中的孩子弄醒或者伤到孩子。它们和阿拉伯人长久地生活在这种和睦融洽的环境中，因此，它们很善解人意，甚至对人们的故意戏弄也不生气。

阿拉伯人很爱护他们的马，就像疼爱自己的孩子一样。<u>他们把马当作朋友，经常跟马温和地谈心、讲道理，从来不会大声呵斥它们，更不用说去伤害它们了。</u>【动作描写："谈心"、"讲道理"、"呵斥"等动词的运用形象地说明了阿拉伯人把马当人对待，以及他们对马的深厚感情。】他们给了马很多优待，骑乘时一般都让马自由缓行，从不使用马鞭去鞭打催促它们。阿拉伯马非常灵敏，一感到马镫轻微撞击肋部，就明白主人的意图，便奔跑起来，而且速度很快，步态轻盈，可以轻松地跨越障碍或越过壕沟。除此以外，阿拉伯马都经过严格的训练，很有灵性，如果人不小心从马背上跌落下来，它们能迅速作出判断，立即停下，【🏠动作描写：写出了马敏捷的反应，以及马对人的关切之情。】避免造成更大的伤害。

阿拉伯马体形瘦削、匀称健美。阿拉伯人都把马收拾得很干净，他们每天定时为马洗澡、梳理，不让马身上有任何污垢或难闻的气味。他们非常细心地清洗马的四肢、鬃毛和尾巴，尤其是尾巴，洗起来特别小心，唯恐弄断尾巴上的毛。主人一般到夜间才给阿拉伯马喂食，白天只让它们喝水。每年三月来临的时候，青草发出嫩芽长出绿叶，阿拉伯人会把马赶到牧场上，让马尽情地享用嫩绿多汁的青草。除了春天以外，一年当中，阿拉伯人几乎不给马喂青草或饲料，干草也很少喂，他们更多的是让马享用美味的大麦。等到马满周岁的时候，阿拉伯人就剪去马的鬃毛，这样可以让新长出的鬃毛更密、更长；马到两岁时就能充当坐骑了。通常，阿拉伯人会给这个年龄段的马戴上辔头，架上马鞍，让这些温顺而又善解人意的马为自己服务。【🌿成语：生动形象地写出了马很通人性，很体察人的心意。】

看家狗

人们评价一个人，通常比较重视这些人的内在涵养等后天形成的东西。先评价他的气质举止，再说他的外貌长相；先看他的勇气胆识，再看他的力气大小；先看他的内心情感，再看他的语言表情。人们在评价动物时，也非常重视它们的气质和情感。动物和木偶、植物的一个很大差别就是拥有情感和气质，这一点和人类非常相似。动物既然拥有了丰富的情感变化，也就具备了不可缺少的意志力和行为动机。

一般动物的情感越丰富，就代表它们拥有越强大的能力，在自然界生存也就越游刃有余，它们也更容易与其他物种产生联系。如果某类动物情感细腻，懂得人类的喜怒哀乐，并能以此来决定自己的行为表现，就说明它们值得驯化，而且通过驯化会变得更加聪敏，能帮助人类完成某些任务，甚至能在危急时刻挽救人于水火之中，那么，人类就有理由给予这种动物优越的待遇，让它们荣升为人类的朋友。如果它们懂得通过勤勉耐心的服务、亲昵热情的姿态来讨得人类的欢心，人类自然就更离不开它们了。

看家狗就属于这种讨人喜欢的动物。它们体形优雅矫健，有许多可以博得人类欢心的品质。看家狗和与它们同宗的野狗在性格上有<u>天壤之别</u>：【ㄓ成语：用简洁的成语形象地写出了野狗和看家狗的差别之大。】看家狗性格温和谦恭、情感丰富细腻；野狗则比较野蛮粗暴，甚至是凶狠残忍。看家狗常常会乖巧地贴着主人的脚<u>匍匐</u>下来，【ㄓ动词："匍匐"一词很形象地描绘出了狗的顺从、乖巧。】让自己温柔、乖巧、细腻和勇敢等一切优点都在主人面前尽显无遗，并以这样的姿态随时听候主人的差遣。它们常常和人嬉戏逗乐，并且乐此不疲，以讨得人类欢心。看家狗有着很多和人类相似的情感，懂得爱与付出，忠诚可靠，它们能抓住主人微妙的感情变化来判断主人的意图，【ㄓ形容词：简单的"微妙"一词，充分体现了狗对主人情感的细致体察以及对主人的体贴。】哪怕只是一个暗示的眼神。看家狗一向无所畏惧，只是担心自己的表现不能让主人满意。它们不像虎、狼那样野心勃勃、私欲极强，也从没有报复的念头；它们热情、温顺，只记得人们给予的恩惠。它们又坚忍谦恭，当遭受虐待时，从不恼怒，反而会更温顺地等待更大的暴风雨的来临，它们也许以为这是主人对它们的考验吧！受过惩戒之后，它们丝毫不会对刚刚惩罚它们的工具表示敌意，仍然谦恭亲密地<u>舔舐</u>着，【ㄓ动词："舔舐"一词准确地写出了狗的经常性动作，而此处却又传神地体现了狗甘心为人服务，真心讨好人类的谦恭姿态。】显出知错悔改的样子。对于人类的鞭打，它们排解释怀的方式只有<u>呜呜</u>诉苦。【ㄓ拟声词："呜呜"一词绘声绘色，既写出狗平时的叫声，也进一步写出狗受了委屈之后的"哭泣"，贴切生动。】总之，它们用自己的忍耐和顺从，让人类心生怜悯和同情，从而不再对它们随便使用武力。

和其他动物比起来，看家狗还有一个优点，它们更容易被驯化。它们也会受环境影响，和人类一样"摆架子"：在富人家里就傲慢不羁，走起路来都昂首阔步、大摇大摆；在穷人家里就低眉顺眼、自卑怯懦，行动起来也不那么理直气壮、无所畏惧。【◎对比：用富有动感的语言将两种不同环境里的狗作对比，生动地体现了两种狗的截然不同的神态，同时有力地证明了环境对狗的影响，语言对比鲜明，形神兼备。】它们常常主动向主人谄媚逢迎、大献殷勤，能通过辨识声音来判断是自己的主人还是不速之客。如果主人要它们在夜间执行任务，守卫家园，超凡的警觉性可以让它们迅速捕捉到远处准备入侵的闯入者的声息。蠢蠢欲动的闯入者只要试图翻越围墙，它们就会不顾一切地冲上去，狂吠威吓，拼命撕咬，来阻止入侵者或叫醒主人；【⚙动作描写："冲"、"狂吠"、"撕咬"一连串的具体动作细腻地表达了狗的行动和神态，还有狗的灵性。】它们奋不顾身，全力搏斗，不会让主人的财产受到任何损失。看家狗常常把通过自己出色表现而获得的胜利作为最大的精神享受，一旦胜利，它们就心满意足，颇有成就感地趴在垂头丧气的闯入者身旁休息，既像是示威，又像是炫耀。由此可以看出，看家狗的勇敢和忠诚是毋庸置疑的。

我们实在不敢想象，世上如果没有看家狗，人类的生活会变得如何不堪。人类实在是应该时常感念狗的付出，不要忘记狗的重要性。如果没有狗从旁协助，人类驯化种类繁多的其他动物就只能是奢谈，即便是捕猎工具先进的今天，人类前往密林仍需带着狗，它们可以帮助人类壮胆提神，或者驱赶野兽，感知危险，让主人及时远离险境。总之，人类这个万物的灵长，为了自身的生存和发展，一个很得力的帮手，一个忠实的盟友是必不可少的，狗就是上上之选。首先，人们要把那些容易驯化的动物收编过来，与自己形成同一阵营，再让这些动物成为对付其他动物的工具，而狗就是人类忠诚的盟友和善解人意的伙伴。正是随着狗的驯化，人类在许多未经开垦的原始土地上生存，发展起来。狗的贡献可见一斑。【✐成语：用简洁的成语说明狗对人类的贡献极大，远远超出文章所列举的内容。】

在自然界中，人之所以比其他动物优秀，只在于人的综合能力远远超过了它们，但就某一项技能来说人就处于下风了，比如：牛的力量强大，猴子攀爬敏捷，狗的嗅觉灵敏异常等。像狗这样灵巧、勇猛的动物被驯化，人类就可以弥补自身的缺陷，获得更强大的力量。虽然人类利用自己的聪明才智造出了各种器械，为自己提供了便利，但就性能而言，狗给予人类的帮助远远超出了某些器械。其原因在于狗不仅让我们的感官作用得到延展，还可以让我们拥有战胜其他动物的力量。在和人类的关系方面，狗也拥有其他动物无法比拟的优越性，人类赋予它们权威和较其他动物高一级的身份——它们能像人一样坐镇指挥，统领其他动物，甚至在某些时候，它们的聪敏机灵早已远远超过了牧羊人。它们的谨慎细心和勤劳灵活，换来的是羊群的安定和平、安全有序。除非为了维护牧羊人的利益，否则它们绝对不会用武力恫吓羊群。

　　狗有一个天生的缺陷，它们没有汗腺，而且毛发又厚，这让它们身体的热量不能得以尽快散发。因此，炎炎夏日，<u>我们总能看到它们大张着嘴巴，伸着舌头，气喘如牛的样子，原来它们是以此排出身体里的热量呢！</u>【🏠动作描写："大张着"、"伸着"、"气喘如牛"三个词语准确刻画出了狗在炎热天气里的样子，生动可爱。】

猎犬

只要听到猎人发出的作战信号，猎犬就会立刻变得精神抖擞、斗志昂扬，随时准备整装待发。紧接着，它们会兴奋地上蹿下跳、狂吠不止，【动词："上蹿下跳"、"狂吠"贴切地写出了狗在出征之前兴奋与急切的样子，语言富有动感，使狗的形象更加传神。】极度渴望投入战斗，并且显出急于表现自己的狂热之情。战斗一开始，它们就完全变了副模样：小心翼翼，耐心观察、分析环境、悄声行动，仿佛一下子由调皮淘气的孩子变成了稳健持重、谨慎从事的成人，尽全力捕获受惊而躲藏起来的猎物。它们会对四处逃窜的猎物步步紧逼，用高低不同的吠声向主人报告猎物的距离和方位，甚至可以通过声调提示猎物的年龄。

不过，猎物们也都有着敏锐的直觉和判断的本能。一旦察觉到四周危机重重，自己身处险境，它们就会变得小心谨慎起来，只要有一线突围的逃生之机，便使出浑身解数，狡猾而耐心地对抗猎狗的围捕。尤其在逃生时，猎物会表现出令人惊异并叹服不已的本能，甚至堪称绝技。为了隐藏自己足迹所指示的方向，扰乱猎狗的判断，聪明的猎物会不停地来回奔跑，使自己的足迹混乱不堪，无从辨别。为此它们跃过淙淙溪流、翻过重重栅栏、穿过层层密林，【动词："跃过"、"翻过"、"穿过"虽然意思相近，但此处却精准地刻画了聪明的猎物为了逃脱猎狗的追赶费尽心思给猎狗设置重重障碍，做到了动词与对象的准确搭配。】以减弱自己的气味，让自己的脚印乱七八糟。如果猎狗还是穷追不舍、步步紧逼，猎物就会狡猾地向另一个比较年轻的同类跑去，让自己的足迹和这只年轻的、经验不足的小鬼的足迹混在一起，这样猎狗如果转去追捕那个倒霉鬼，自己则会趁机逃过一劫。

然而，魔高一尺，道高一丈，猎物的这些小伎俩很难骗过训练有素、灵敏聪慧的猎狗。它们利用自己敏锐的直觉和准确的判断紧追目标，甚至能从杂乱无章、一团乱麻的踪迹中找到猎物的**蛛丝马迹**。【严成语：用简单的成语比喻那些和猎物有联系但不明显的线索，体现了猎狗的细心谨慎。】让人佩服的是，猎狗通常不会见异思迁，放弃原来的目标而去追逐另一只猎物。它们会锲而不舍地奋起直追，直到捕获猎物，最后再尽情享受胜利的喜悦。

驴

驴不是秃尾巴的马，也不是退化了的马，它和马是两个不同的物种。同其他所有的动物一样，驴是一个独立的种群，有着纯正的血统。驴和马一样，有着悠久的历史，只是没有马那样高贵的身份。我们很难理解，人类究竟是出于什么原因看不起驴的。其实，驴有很多优点，它们性情温柔和善，吃苦耐劳，很有实用价值。如果是由于它们吃得差、要求低，才被人们忽视和奴役，那未免太不公平了。

把驴跟马放在一起比较一下，我们就会发现，从过去到现在，驴一直都在承受人类的不公平对待和欺侮。我们豢养、驯化、爱护马，而驴则充当苦役，像个地位卑微的仆人。【Q比喻：此处把"驴"比作"仆人"，形象具体地写出了驴的地位之低，以及它在人们心中的形象之卑微。】被人类肆意地缺乏温情地、驱使。有人会说，我们也可以驯化驴子呀。然而，被豢养的驴非但没有从人们那里得到照料和关爱，反而失去了尊严和天性。其实，我们不能把不同的物种放在一起进行苛刻的比较，驴子也是自然造物，总会有它独特的用途和长处。当人们用棍棒殴打它们，迫使其运载重物时，它们的优点更是一扫而光了。可我们是否想过，世上如果没有马，驴应该是所有牲畜中地位最高、体形最美的了。可是由于马的存在，驴只好忍受屈辱，居于马下了。或者正是人们总是拿它和马比，而不把它当驴看，总是对它要求太高，才忽视了驴身上的优点和实用价值，才致使驴从来得不到人们的赞扬，得到的只是呵斥和棍棒。实际上，和马相比，驴只是缺少俊美的外形罢了，其他优点也不比马逊色多少，只是<u>各有千秋罢了</u>。【◎成语：短小精悍的成语很形象地说出了驴和马各有各的存在价值，各有所长，各有特色。】

驴和马有着完全不同的天性。马豪迈、奔放、顽劣，因此人们像是宠孩子一样宠着它们，关心照料着它们；驴则谦恭、有耐性、温和，人类对驴总是鞭打和欺侮，而驴也总是对此默默承受。驴对食物也没有什么特殊要求，即使是硬得难以下咽的干草，它们也在那里细嚼慢咽，吃得津津有味，甚至不知厌倦，仿佛那是什么美味佳肴似的。然而这些食物却是马或者其他动物只有到了饥饿难耐、万不得已时才会正眼相看的。驴总是很节制地饮水，从不把鼻子放进水中猛喝一气。民间传说认为，驴是害怕看到水中自己耳朵的影子，不知这种说法有何根据。驴很爱干净，吃饱喝足后，<u>它们经常像淘气的孩子一样在草地或青苔上顽皮地翻滚、撒欢</u>。【◎比喻：把自然状态下的驴比作天真活泼的孩子，形象生动，而且渲染了驴玩耍时的快乐气氛。】与马不同，它们从来不在污泥浊水中打滚，因为它们怕弄湿四肢。驴驯养起来不需费多大力气，人们经常让它们驮运重物，当然，它们也会趁着空闲打几个滚儿，或者叫唤几声，就好像在向主人撒娇，想博得主人的关心和照料。更多的时候，<u>它们只是雕塑般笔直地挺</u>

立着，出神地望着远方，像是沉醉于远处的风景，更像是在默默沉思。【✐比喻：把静止的驴比喻成雕塑，生动地展现了驴对风景的着迷与沉醉。】

年幼时的驴子体形都比较漂亮，甚至很有几分轻盈优雅。但这种美很快就随着年龄的增长而失去优势，再加上人类的不公平对待，最终会消失殆尽。驴的性格也渐渐变得固执、倔强，反应也变得迟钝。据说驴很疼爱自己的子女，不愿和子女分开。古罗马著名博物学家、作家普林尼曾论述道："如果人们试图强行把驴和它们的子女分开，那么驴妈妈会表现出英勇无畏的精神，敢于穿过烈火，与子女相会。"

尽管驴常遭人类粗暴的对待，但它们对主人仍然具有很深的、难以割舍的依恋之情。如果主人在周围出现，它们大老远就能闻出主人身上的气息。驴的视力很好，能清楚地识别远处的物体；嗅觉灵敏，能嗅到微弱的或者是远处的气息；听觉敏锐，能轻松地捕捉到细小的声响。【✐排比：用贴切而具体化的语言连续对驴的三种感觉进行描写，突出了驴的三种优点，进一步说明驴的存在价值。】因此，它们很容易就能辨别自己的住处和常走的道路。据说耳朵较长、听觉灵敏的动物一般都比较胆小怯懦，也许正是由于这种特点，人们也把驴看成是羞怯的动物——当驴身驮重物时，它们就会耷拉着脑袋，低垂着耳朵，眼睛紧盯地面，一声不吭，一副羞愧难当的样子。【✿神态描写："耷拉着"、"低垂着"、"紧盯"三个词语的使用，动静结合地写出了驴在驮载重物时的情形，样子很像是在害羞，想象丰富。】如果我们在它们休息时按住它们的脑袋，让它们的一只眼睛贴地，再遮住另一只眼睛；它们仍旧不会有任何反抗，就那么一动不动地躺着。驴和马走路的样子差不多，只是动作幅度比马小，速度也比马慢，耐力也不如马强，如果我们持续催促它们赶路，它们很快就会疲惫不堪，显得无精打采。

牛

牛以及其他食草动物，是人类最亲密的伙伴，并且能为人类提供各种服务和帮助。它们从不用自己的辛勤劳动和人类讨价还价，【￥成语：本是比喻人接受任务或举行谈判时提出种种条件，斤斤计较。此处用形容人类行为的词语传神而又准确地说明牛对人类的贡献是心甘情愿的。】它们只知奉献不知索取，更不会奢望人类的赞美。牛是所有食草动物中最为出众的，它们把大地给予的一切又都以另外的方式还给了大地，其粪便就是一种偿还方式，因为它可以使土壤更加肥沃富饶。在这一点上，马或其他动物就没有资格和牛相提并论了。短短的几年间，肥沃富饶、长满青青牧草的土地就能让马给糟蹋得贫瘠荒芜，以至寸草不生，最后只剩下满目的光秃和荒凉。

牛为人们提供了数不胜数的好处。如果没有牛，人们的生存状态将发生多么大的变化，简直无法想象。人类生存的基础——土地，很可能会寸草不生，变成不毛之地，农田不会再有粮食飘香，苗圃也不会再有花朵绽放，一切土地都会龟裂。【📖景物描写：用嗅觉和视觉给人的不同感受写出了没有牛可能会出现的荒芜恶劣景象，形象生动，想象丰富，又给人以警示的作用。】在人类发明现代化的农耕器械之前，如果缺少了牛，从事乡村劳动的艰难几乎不堪设想。牛不但是农民最亲密的伙伴，也是最得力的助手，它们为早期的乡村生活作出了巨大的贡献，更是劳动时最主要的支柱，它们就像一只强大有力的手掌推动着农业向前发展。在人类社会的早期，牛的责任重大，贡献非凡，几乎创造了全部财富。18世纪时，它们仍然是一些农业国家发展的基础力量。从这种意义上说，牛才是人类唯一真正的财富，是当时家庭和社会必不可少的重要成员。其他财富，甚至黄金白银，和牛比起来，也只是流动的财富，是货币和象征，它们都不能直接创造财富。它们的价值必须依附在土地所生产的产品上，而牛却可以发展土地产品，使产品因它们的再创造而增值。

与马、驴、骆驼等相比，牛由于身体构造不同，背和腰的特殊结构使得它们并不适合驮载重物。这种身体构造让它们有了另外的优势。它们厚实的脖颈和宽阔的肩膀非常适合安放牛轭，使其从事拉犁等牵引拖拽的工作。从某种意义上说，它们的身体特征天生就是为了耕耘而生成的。此外，<u>牛身材庞大，善于拖拽；性格温和，便于管理；足蹄较低，利于耐劳，这一切都是耕地好手所必须具备的特征</u>。【☜排比：语句整齐而又准确地从身材、性格和足蹄的特征上着重突出了牛所具有的耕耘优势。】和其他动物相比，牛有更强的克服困难的决心和毅力。因此，虽然马力气更大，但却不太适合耕耘，此外，马的腿太长，动作幅度太大，行动过于剧烈，而且性子急躁，这些也是它们不能胜任耕耘的原因。耕耘需要耐心，是一种慢工出细活的工作，热情和一定的体能还是次要的，当然也需要一定的灵活性和技巧。或许正是因为长期从事这些繁重而琐碎的工作，才让牛失去了原本可能会有的轻盈步态、优雅举止。

耕牛

一头标准的耕牛，应该具备以下特征：体形肥瘦合宜、匀称健壮，皮毛光滑油亮、富有弹性，肌肉紧实发达、强劲有力；头短而粗大，耳朵大而肥厚，犄角有力，富有光泽；前额宽阔而平整，眼睛大而有神；鼻孔粗而张开，牙齿洁白整齐，嘴唇黑亮润泽；肩宽而胸阔，腰腹宽厚圆润，臀壮而尾长，后肢粗壮，蹄趾宽短，走起路来不紧不慢，步履坚实，行动稳健。

此外，合格的耕牛虽然不能像马一样敏捷矫健，但仍应行动灵活，能服从人的指挥。人们训练耕牛必须循序渐进，【成语：用简洁的语言指出训练耕牛要按照一定的步骤逐渐深入。】不可盲目追求速度，唯有如此，才能让它们心甘情愿、无怨无悔地任人驱使。驯化耕牛要选择正确的时间段，必须从它们两岁半或者稍大点儿时开始。年龄太小，不适合训练，太大就不会那么顺从，一旦发怒，人类就可能无法制服它们。对于错过训练时机的耕牛，强硬暴力的方式已不能奏效，反而会让它们更加叛逆和反抗，人们只能用耐心、温柔和爱抚去驯化它们。所以，人们在驯化它们时总是轻柔抚摸它们的身体，用大麦糊、研碎的蚕豆，或者其他它们爱吃的像掺有盐的混合饲料来喂它们。

除了以上方法，人们还要经常捆绑和束缚牛的犄角，再给它们套上牛轭，用环境熏陶的方法，让它们和那些训练有素、体形相似的牛一起耕耘。【◢成语：概括性地说明了那些牛平时一直有严格的训练。】在训练耕牛的集体意识时，人们要小心谨慎地把它们拴在离草场不远的地方，让它们熟悉环境，相互加深了解，摸清彼此的性格脾气，慢慢适应集体生活。对于训练和教育，人们如果一开始就用武力去威吓，绝不是聪明之举，训练耕牛也一样，除非它们非常难对付，才能适当地用棍棒惩戒它们，让它们受些皮肉之苦。还没有驯化好的耕牛很容易疲倦，吃苦耐劳等优点还没有被完全发掘出来，它们只能从事少量、轻松的耕耘工作。在此期间还要对耕牛的进食加以限制，当训练进展顺利时，才可以喂它们更多的食物，这也算是一种奖赏吧。

水牛

水牛的长相很丑。它们的头总是低垂着，似乎无力抬起；四肢细长瘦弱，似乎承受不住它那庞大而笨重的身躯，随时要倒下似的；尾巴粗短光秃，总是不停地在身后摇来摆去，驱赶蚊蝇；面色黝黑，总是撅着嘴，一副怒气冲冲的样子，好像随时可能发动攻击；犄角微尖，是一对利器，很有杀伤力；前额上有一撮齐短而卷曲的毛，这一点让水牛看起来还有点可爱。【📖外貌描写：这几句从水牛的面色、嘴的样子、犄角的锋利和前额上毛的状态等方面很形象地写出了水牛强壮、凶猛中透着点可爱的样子，可谓形神兼备。】总的来说，水牛身躯粗壮短矮，头却很小，和它的身躯很不成比例。

水牛的皮又厚又硬，犹如盔甲，这应该算作它的优点。正是由于它的皮质坚硬，结实轻巧，一般的东西无法穿透，才成为很多防护用品的上好选择。水牛的肉不是什么美味，简直难以下咽，而且也很难闻，即使是尚未断奶的小牛犊的肉也不例外，不过小牛犊的舌头勉强可以食用。水牛的奶也不甜美可口，但奶水丰富，产量很大，热带地区的大部分奶酪都是用水牛的奶做成的。

水牛除了长相丑陋外，还脾气暴躁、乖戾，性格阴晴不定，【📖形容词：很贴切地写出了水牛的性格让人难以捉摸，也证明它的确是很难驯服的动物。】很难被驯化、收服。此外，水牛所有的生活习性都十分原始而野蛮，似乎它们被历史给遗忘了，长久以来没有得到任何进化。它们总是浑身脏兮兮的，这点和猪差不多，只比猪干净那么一点儿；习性蛮横粗野，轻易不让人为它们洗刷身体；目光呆滞，行动起来横冲直撞，充满敌意。

水牛身体强壮，蛮力十足，人们常常用它们耕地。因为水牛脾气暴躁，所以在耕地时，人们就用套环穿过它们的鼻子，以此来指引、控制它们。水牛的力气很大，一头水牛可以和两匹马抗衡。这种力量源于水牛特殊的身体构造，它们的脖颈和脑袋总是自然下垂，拖拽时用的是全身的力气，【动词："拖拽"写出了水牛的力气之大，而且很准确地刻画了水牛耕地时的形态。】这样，马就很难和它相比了。

猪

在所有的四足动物中，猪似乎是进化得最慢而且最不彻底的一种。猪的毛十分粗糙，缺少光泽，皮质坚硬、厚实，这可能造成它们触感迟钝的原因，就算人类拿棍棒抽打它们，它们也毫不在意。甚至有人看到过一只老鼠呆在猪的背上，啃食着猪的皮毛和肥肉，猪也毫无反应。不仅如此，猪的味觉也不灵敏，在人类看来，猪天生就是好吃懒做、举止粗俗、口味低劣的动物。猪基本上不会分辨食物的优劣和味道，只知道肆无忌惮地吞吃着一切，【成语：形象地描绘了猪不论吃什么都非常放肆，一点顾忌都没有的样子。】甚至会发生吞吃自己幼崽的惨剧。猪对食物贪婪成性，一方面可能是因为它们的消化功能太强，肚子随时会感到饥饿，需要不断地找食物来填饱它；另一方面，也可能是因为它们口味低劣，任何食物都不介意。

与触觉的迟钝相反，它们的视觉和听觉比较发达。猎人对此都很有经验，他们知道，野猪在很远的地方就能凭借敏锐的视觉或听觉探知有人在他们周围。因此，要想成功地猎取野猪，猎人就必须下苦功夫，做足准备。他们要在夜间选好一个不利于野猪识别气味的下风口的位置，趁夜蹲守。假如地点选在上风口，即使隔得再远，野猪也会闻到人的气味而顷刻间销声匿迹。猎人们都知道，三岁以下的野猪是群居动物——幼猪总是成群结队地紧跟母亲，【

动词：简单的"紧跟"一词传神地刻画出了幼猪对母亲的依恋之情，同时更体现了它们对外界的陌生和恐惧。】几乎寸步不离；随着年龄的增长，身体变得强壮有力，不再惧怕狼的攻击时，野猪才敢单枪匹马地行动。除此之外，野猪为了自我保护，通常也会成群行动。一旦遭到外来攻击，它们就会团结起来，用群体的力量和气势相互救援，甚至赶跑外敌。当强敌来犯时，<u>野猪会紧密地团结在一起摆一个圆形战阵，强壮有力的排在外围，体弱幼小的则躲在强壮者身后的圆圈里。</u>【🎬场面描写：通过对野猪面临敌人时所用对策的形象化描写，体现了它们的团结精神和应对敌人的智慧。】家猪也如此，不必要狗去照看、保护它们。但是，家猪很难被驯化，不喜欢听人指挥，即使一个强壮有力、机敏聪明的成年人最多也只能放养五十多只。

随着秋冬时节的到来，牧民们通常把猪赶到野果丰富的树林里，让它们尽情享用大自然赐予的盛宴；炎炎夏日里，<u>他们则到有充足昆虫和植物根茎的潮湿沼泽里去放养，让猪在那里尽情嬉戏、翻滚和饱食；</u>【🎬动作描写："嬉戏"、"翻滚"等动作生动地再现了猪在食物丰足、不受束缚的状态下的满足和惬意，动感十足。】春暖花开的季节里，牧民们把猪赶到长满嫩草和野花的荒地里，由于春风和煦，气候温暖怡人，家猪们每天会有两次"出游"的机会，一次从清晨到上午10点，一次从下午2点到黄昏，作息很有规律。天气寒冷恶劣的冬季，家猪只能每天被放养一次，而且也只能在天气好的时候才有这样的优待，否则只能被关在猪圈里。这样做的原因是猪对雨雪等恶劣天气缺乏镇定从容的适应性。当雷雨骤起、大雪突降时，猪会惊慌失措，呜呜大叫，四处乱窜。但人们

很少听到野猪嚎叫，尤其是公野猪，它们从不轻易出声，当然，因受伤而嚎叫除外。当野猪突然受到惊吓时，会发出剧烈而连续的喘息，像是一个得了严重哮喘的病人。这种喘息持续不止，而且声音很大，人们在很远的地方都能听到。【比喻：将发出喘息的野猪比喻成哮喘病人，很形象地描绘出了野猪受到惊吓时的生理反应，生动有趣。】

037

猫

为了赶跑甚至是消灭那些可恶的老鼠，人类豢养了猫这种并不十分忠诚的动物。猫有优雅的体态，这种美在它们年轻的时候最为明显。猫狡诈、虚伪，喜欢搞恶作剧，而这些都是其他动物所没有的习性，而且这些习性会随着其年龄的增长越发明显，这恐怕也是有些人不喜欢它们的原因。人类养猫已有悠久的历史了，可是在这么长的豢养史中，猫习性并没有改变多少。成年的猫会对主人阿谀奉承、谄媚迎合，像一个老奸巨猾的谗臣，这也是有些人不喜欢它们的另一个原因。【比喻：把猫比作谗臣，生动形象地刻画出了猫在主人面前那副谄媚、卑躬屈膝的嘴脸，形神兼备。】除此之外，猫还很会伪装，经常粉饰自己狡猾的天性，让人类无从察觉它们的真实意图。从表面上看，猫和人类可以轻松融洽地相处；实际上，它们从不主动探索与人类的相处之道。它们看人的目光总是充满疑惑，也不会主动接近自己喜欢的人。由于它们喜欢人类抚摸带来的温暖、惬意的感觉，才勉强去主动接触人。孩子总是特别喜欢幼小的猫，因为它们可爱活泼、聪明漂亮，但其锋利的爪子却往往让孩子们心生恐惧，不敢和猫太过亲密，成为彼此的伙伴。一般情况下，不忠诚的动物和人类总是无法保持亲密无间的关系，而猫除外。就这点儿天性来说，猫同人还可以勉强和睦相处，但猫和性情率真耿直的狗就不那么容易相处了，二者甚至是水火不容。

【📖成语：贴切地形容出猫和狗就像是水和火这两种性质相反的东西，根本不能和睦相处。】

猫天性狡诈、残忍、欺软怕硬，那些比它弱小的动物往往就成了它逗弄、伤害的对象，如小鸟、兔子、老鼠、田鼠、鼹鼠、蟾蜍、青蛙等。猫躲在笼子旁准备偷袭小鸡，或是在洞口前伏击老鼠是常见的现象。猫很聪明，它们设置埋伏、突袭进攻的技术，比专门受过人类训练的狗还要灵活。可有一点很遗憾，猫没有狗那样灵敏的嗅觉。当它们准备追捕的那些小动物在眼前消失时，它们一般就不再去追赶，而是耐心、悠闲地等在小动物进出的通道处，准备来个守株待兔。它们极爱搞恶作剧，抓到小动物后，<u>即使没有胃口，也会进行一番恶意的戏弄、玩耍，似乎在享受猎物被玩弄于股掌之中的快感，最后再把小动物残忍地杀死</u>。【🏠动作描写：用"戏弄"、"玩耍"等动词，形象而具体地写出了猫对自己的猎物进行残忍和冷酷的折磨的行为。】

猫和人类同住一个屋檐下，独立意识极强，它们按自己的意愿自由行动。从严格意义上讲，猫不能算是人类的宠物。人类无法束缚和控制它们的自由和行动，如果违背它们的意愿，它们就会悄悄逃离。

猫有许多与众不同的天性，它们喜欢过干净而安逸的生活，很会享受，休息时总喜欢找柔软的物品铺垫在身下。而对于寒冷、潮湿、水以及异味，猫又有着与生俱来的恐惧。猫白天总是一副懒洋洋的样子，喜欢<u>蜷缩</u>成一团儿躺着。【📖动词：准确而又形象地写出了猫懒洋洋的样子，而且体现了猫的一种经常性的动作。】温暖的阳光下，高耸的烟囱后，热乎乎的炉子旁，都是它们最喜欢的地方。它们总是表面看起来睡得很熟、很香，似乎在做着什么美梦，不会轻易转醒，其实它们警惕得很，即使睡着了也能对异常情况做出敏捷的反应，因为它们几乎从不睡熟。它们矫健敏捷，行走时像个幽灵般无声无息，即使从房顶上跳下来，也只发出轻微的噗噗声。【拟声词："噗噗"一词既能体现猫落地时的真实声响，也能很形象地刻画出猫动作的轻柔和敏捷。】猫天生爱干净，它排泄时要选择离自己住处较远的地方，还要用泥土把排泄物掩埋起来。它们的皮毛总是被梳理舔舐得光滑油亮，如果在晚上，我们仿佛能看见其皮毛在黑暗中发出来的光泽。漆黑的夜里，猫的眼睛常闪烁着幽绿明亮的光芒，再加上走路无声，这更让它们看起来像个可怕的幽灵了。【比喻：用幽灵比喻夜晚的猫，很形象地描绘出了猫在黑暗中眼睛发着绿光以及走路无声给人带来的恐惧感，想象丰富。】

鹿

鹿 耳聪目明，而且嗅觉灵敏。鹿常常抬着头，竖着耳朵，倾听远处的声音。如果它们要穿过小树林，或者由这片树林走向那片树林，一般不会贸然行动，它们会先停下来，找到下风口，在那里谨慎地观察周围的风吹草动，看是否有危险存在。鹿像天真无邪的孩子一样，天性单纯，但也十分机敏。<u>当它们听到远处传来的呼声或高声喊叫时，便急忙刹住脚步，以一种惊异而略带恐惧的眼神凝视着声音传来的方向。</u>【🏠神态描写：对眼神的细腻刻画生动地体现了鹿被声音惊动后的表情。】只要鹿感觉到人并不心存歹意，想要伤害它们，就不会对人心生恐惧，选择逃跑，反而会从人的身边骄傲而从容地走过。鹿不怕人，却很怕人类的亲密伙伴——狗。鹿也许天生具有乐感，喜欢聆听牧羊人那婉转悠扬的笛声。但这种可爱的天性有时会被猎人利用，给它们带来杀身之祸。

鹿吃草很快，通常会粗略地咀嚼几次就咽下，先填饱肚子，再找个安全的地方慢慢反刍。由于鹿的脖子细长弯曲，不像牛的脖子那样短粗，它反刍起来就很费力气：要想把胃里的草返回口中细嚼慢咽，就需要一下一下费力地抽动脖颈。【🦌动词：写出了鹿反刍时费力的样子，让人能体会到一种极不舒服的感觉。】这个过程类似于人打嗝，而且抽动脖颈的动作会持续很久，直到反刍结束。鹿也和人类一样有一个变声期，在成长过程中，公鹿的声音会渐渐变得更高亢、更粗犷、更颤抖，母鹿的叫声则会变得柔和而短促。

春天里，小草开始返青，逐渐生出嫩芽绿叶，鹿在吃草时就吸食了嫩叶上的大量露水，因此，鹿在这个季节里几乎不需要专门饮水。不过，炎热难耐的夏天里，它们常去清澈的小溪、水草丛生的沼泽、汩汩流淌的甘泉边喝个痛快。【⚑拟声词：通过描摹声音，把小溪流淌的样子形象化、动态化。】既可以解渴，又可以顺便舒舒服服洗个凉水澡，清清爽爽、一消暑气。寒风凛冽的冬天，由于体内水分蒸发得很少，所以鹿饮水的次数就变得很少了。

鹿是个游泳健将，有人曾亲眼看见鹿从滔滔大河中横渡而过。甚至有人说，鹿为了觅食，会跳到海里，从一个岛游到远方的另一个岛。除此之外，跳跃也是鹿所擅长的本领。一遇到危险，它们就发挥擅长跳跃的优势，轻而易举地越过树篱，【⚑成语：言简意赅地形容了鹿善于跳跃，而且跳起来毫不费力气的样子。】甚至是高达两米的栅栏，然后把敌人远远甩在身后。

鹿的食物全靠自然赐予。气候变暖的春天，大地恢复生机，鹿有时会被田里绿油油的麦苗透惑而前去偷食；【⚑动词：贴切的词语生动地体现了绿油油的麦苗对鹿产生的极强的吸引力，可以让人想象出鹿垂涎欲滴的可爱样子。】等气温逐步回升，百花绽放时，它们就吃榛树花和芽苞；炎炎夏日，到处生机勃勃，它们的食物一下子丰富起来，不过燕麦还是它们的最爱；天气转凉的秋天，绿色灌木的嫩芽、花蕾和荆棘的叶子等就成了它们觅食的对象；白雪皑皑的冬天，食物稀少，树皮和苔藓也是它们度日的美味。

鹿的种类很多，水鹿是其中一种。水鹿生活的范围很广，遍及热带和亚热带的雨林地区，草原和高原地区也常有它们的身影。水鹿的名字可谓名副其实，它们很擅长游泳，当然也擅长奔跑。它们身体粗壮，体形较大，只有雄鹿有角，而且形状呈U形，我们从外形上就能分出雌雄。

有一种俗称"四不像"的麋鹿很特别，它们之所以有这样的外号，是因为它们的尾巴像驴，蹄子像牛，脖子像骆驼，只有角像鹿。水生植物是它们的主要食物，有时它们也吃鲜嫩多汁的树叶。

和水鹿一样，麋鹿也喜欢游泳。即使是冬天，它们也不惧怕涉水，常常趟过溪流，寻找水草充饥。

还有一种被称作"豚鹿"的鹿，因其臀部和猪的相似而得名。它们体形较小，但身体却粗壮结实，由于四肢较短，因此奔跑速度不能和其他鹿相比。除了腹部呈暗灰色之外，它们全身覆盖着略带斑点的红褐色皮毛。和其他鹿一样，也是只有雄性豚鹿才有角。

野兔

野兔属于夜间活动的动物，白天只在洞里休息。只有到了晚上，人们才能看到野兔出来觅食或者尽情地嬉戏打闹。它们以啃食青草、植物根茎、树叶、水果、种子为生，尤其喜欢鲜嫩多汁的植物。因为这样的植物口感比较柔软，同时也可以获取水分。食物缺乏的冬天，野兔也会吃树皮，但从不吃桤树和椴树的皮。如果我们想要在家里饲养野兔，最好喂莴苣等鲜嫩多汁的蔬菜。不过，人工喂养的野兔，由于缺乏锻炼，肉吃起来不如野生的味美。

野兔比较警惕，稍有风吹草动，就会惊慌失措，四处逃窜。【🏠动作描写：传神的动作写出了野兔遇到风吹草动就惊慌逃跑的样子。】野兔睡觉很特别，总是睁着眼睛，而且能睡很长时间。由于没有睫毛，野兔的视觉有点不够敏锐。野兔的耳朵又大又长，不但让它们的听觉灵敏异常，而且能够让它们在奔跑时很好地保持身体平衡，为它们指引方向。野兔肌肉发达的后腿，有着超凡的弹跳力，能让它们跑起来像风一样疾驰而过，超越其他小动物是轻而易举的事。【🔍比喻：以风来比喻野兔奔跑的速度，具体形象地写出了野兔速度非凡。】细心的人会发现一个奇特的现象：野兔在遭遇天敌时总往高处跑。那是因为野兔的后腿比前腿强壮有力，适宜跑上坡路，而并不是它在炫耀什么奔跑速度。野兔的脚包括脚掌上都长满了毛，这让它们在行走甚至奔跑时都悄无声息，不易被天敌察觉。更奇特的是，野兔连口腔中都长有毛，这恐怕是自然界中唯一口中长毛的动物了吧。

大多数人都能捕获野兔，因为不需要专门的工具。一些乡民闲来无事就去捕猎野兔，以此来给闲散的生活增加点儿乐趣，当然也有人以此为生。太阳初升的清晨或晚霞映照的傍晚，人们只要在野兔可能出没的角落耐心守候，就可能有所收获；白天的时候，人们则到它们的栖息地碰运气。野兔身上的热量因散发而形成一缕缕水汽，而这种特征就让有经验的猎人能很轻易地判断周围是否有野兔活动。猎人们常从远处悄悄潜行，到它们洞穴附近来个突然袭击，往往会逮个正着。野兔一般不害怕人类靠近它们，当人们迂回绕到野兔附近，或装作没有发现它们，并径直走过去时，它们一般都不害怕。但它们很怕狗，即使只是听到狗叫声，它们也会迅速逃离，或者躲藏起来。野兔的逃跑方式并不明智，它们只是绕来绕去，【品动词：最普通的动词却极恰当地描绘出野兔逃跑的特点，说明这种方式很不明智。】而不是按直线跑远，因此，虽然野兔的速度比猎狗快，却很容易被猎狗抓到。

自然界中很多动物都有保护色，北极野兔就能根据季节的不同而变换毛的颜色，或灰或白，或深或浅，以此来躲避天敌。夏天，它们的毛会变为棕色，和周围的泥土或树干颜色相似；冬天，它们变得全身雪白，以雪来掩藏自己的行踪。如此一来，敌人就不能轻易辨清，它们的危险也大大降低了。

狼

狼是自然界最喜欢食肉的动物，也具有食肉动物一般都具有的残忍天性，大自然还赋予了它们更多的技巧和生存本能，比如动作敏捷、强壮有力、不择手段等，以便于尽可能多地捕获猎物。狼虽然身手不凡，技艺超群，但仍然有一些狼因饥饿而惨死。由于狼天性残忍，人类很早就同狼结下了冤仇，并对它们大开杀戒。迫于人类的追杀，狼只能隐身密林，不敢轻易抛头露面，但那里的猎物太少了，而且大部分动物一看到狼便会四处逃窜。为了能享用一顿美食，狼经常在猎物出没的地方耐心地静静等候，但这种机会也少得可怜。狼天生粗鄙鲁莽，但出于生存的本能有时也很机灵、大胆。饥饿难耐时，它们甚至会铤而走险，【✄成语：精炼的成语传神地写出了狼在饥饿状态下的冒险精神。】冒死偷袭有人看守的牲畜，尤其是小羊、小牛等容易叼走的牲畜。一旦计划得逞，它们还会再次溜来碰碰运气，除非受伤，或被赶跑。狼在夜间活动，白天在地穴中休整。没有特殊情况，狼只有在晚上才到人类居住区掠食，那些拴在外面的家畜就有可能遭它们的毒手。有时它们甚至胆大包天地钻进羊圈里，大肆掠杀，疯狂咬啮，等它们吃饱喝足后，再张着血淋淋的大嘴，一脸满足地带走一些好肉。【🏠动作描写：用形神兼备的动词形象贴切地刻画出狼的疯狂、残忍和邪恶，生动的形象犹在眼前。】如果偷袭计划败露，它们就只好到附近的树林中寻觅弱小动物，伺机下手。在围猎小动物时，它们善于合作的习性得到了淋漓尽致的发挥。狼饿到极点时，就会疯狂得失去理性，不顾一切地向妇女和儿童进攻，有时甚至会扑向成年男子。

狼不论外表还是肌体结构，都和狗有很多相似之处，但习性却有天壤之别。狼满身恶习，劣迹斑斑，和人类水火不容；狗则相反，它是人类最亲密的伙伴。就像和人类的关系如此不同一样，狼和狗彼此憎恨，相互仇视。小狗初次遇到狼会被狼身上那种凶残和冷酷吓得不寒而栗，狗毛倒竖，即使只是闻到狼的气味，它们就吓得窜到主人身后，藏在那儿瑟瑟发抖。当看家狗和狼<u>狭路相逢</u>后会有一场血战。【⚔成语：用言简意赅的词语很形象地写出了看家狗和狼这两个仇家相见，彼此都不肯轻易放过对方的情形，生动传神。】如果它们只是彼此躲避，那么会相安无事；如果搏斗厮杀，场面会非常激烈而血腥。要是狼在战斗中占了上风，结果会很惨烈，它们会将看家狗咬死，并吃掉它；要是看家狗实力较强，它对狼则比较仁慈，赢了就结束打斗，或者给狼留个全尸，至于其尸体最终被乌鸦或其他狼吃掉，那就是另外一回事了，和狗无关。更让人恐怖的是，出于某种原因，狼彼此之间也会互相残杀。一只狼在受伤独自离开，寻找疗伤之所的过程中，其余的狼可能会对其穷追不舍，沿着血迹一路追杀，最终饮其血、食其肉才罢手。狼的世界可谓真正的弱肉强食。

在和人类的关系上，狼和狗还有一个很大的差别：狗非常依恋人，而狼和人则水火不容。即使是生性粗野、残暴的野狗，也很容易被人驯养得依恋自己的主人。就算狼从幼崽时就接受人的驯养直到成年，它最终也还是不会对人产生依恋之情。它凶狠、冷酷、残忍的天性不会因为人类的驯养就有所改变，更不要奢望消除。不论人对它的驯养有多久，在它身上花费多少心思，迟早有一天狼还是要回归野生状态。此外，野狗经过驯养可以和其他动物和睦相处，甚至能从中找到亲密伙伴；而狼不会和其他动物交往，而且天生就与其他动物为敌。

狼和狗相比，身体更健壮，性格脾气更凶残，但有一点不足——行动起来远不如狗敏捷。或许狼是动物界里精力最充沛的，一天的大部分时间，狼都像一个孤独的旅人，四处游荡，似乎永不知倦。狼一旦掉进陷阱，就变得惊慌失措，吓得魂飞魄散，【成语："惊慌失措"、"魂飞魄散"的使用，真切形象地刻画出了平时凶残的狼此时变得怯懦无能的丑陋嘴脸。】嗷嗷狂叫，此时它怯懦胆小的嘴脸就显露无遗了，这就无法和温顺、勇敢的狗相提并论了。狼被人捕获后，就只好任人摆布，给它带上重重枷锁，它也不会流露出丝毫不满。人们给它套上项圈，锁上铁链，再戴上笼头，解除它所有可能存在的危险，牵着它四处展览。这时的狼不敢表现出丝毫愤怒，反而显得乖巧温顺，以前的坏脾气都消失得无影无踪了。

狼是一种强壮有力的动物，它的力量主要集中在前半身各部位和脖颈的肌腱上。牧羊人如果追赶一只叼着羊的狼，想从它口中夺下自己的财产，那是不可能的。即使叼着羊，狼的速度也很快，只有牧羊犬才可以追上它。狼非常凶残，捕获猎物后，猎物越是不反抗，狼撕咬得越厉害；相反，如果猎物拼命挣扎、竭力反抗，狼又会心生畏惧。狼是惜命如金的动物，除非万不得已，否则它们绝不拿生命开玩笑，去冒死行动。当狼被打中，或者身负重伤时，它们会嗷嗷嚎叫，毫不掩饰心中的痛苦，而且声音凄厉悲惨。但是，当人们用棍子击毙它们时，狼通常却不会像濒死的狗那样不停地呜咽哀嚎，哀求人们手下留情。既然已保不住性命，还不如像个从容赴死的战士，保留自己的尊严。

狼虽然有很多不足之处，但它们目光敏锐，听觉发达，嗅觉灵敏。当它们还看不见远处的目标时，就已经能用鼻子闻到了。血腥味儿更能刺激它们的神经，让它们即刻兴奋起来。如果遇到可供追踪的动物，它们会沿途寻觅，长久坚持，不会轻易放弃对猎物的追踪。狼也具有辨认方向的能力，如果它们要走出树林，就会先辨识方向，绝不会盲目行走。它们在树林边东嗅嗅西闻闻，

【动词：两个动词的使用让狼的形象更生动、细腻，充分体现出了狼的嗅觉的灵敏和警觉。】就能闻到被风吹来的动物的气息或尸体的腐臭。腐烂的尸体和新鲜的肉食比起来，狼更喜欢后者，如果实在是饿极了，它们也会无奈地吞吃垃圾堆里的死尸。狼一般不会吃人，但也有例外。有人亲眼见过，狼跟随军队到战场上吞吃已经埋掉的死尸，而且不知厌倦。这种常吃死尸的狼也许习惯了人的气味，它们会攻击妇女和孩子，有时甚至胆大妄为，敢袭击成年男性。人们必须对这种狼多加防范，因为它们还有一个可怕的外号——狼妖。

狼的皮毛很粗糙，但制成裘衣后，却有着优良的保暖性和耐穿性。狼的肉质粗劣，连动物都不爱吃它们的肉，而狼却能对同

类大快朵颐。【产成语：短小精悍的成语形象地写出了狼痛痛快快地大吃一顿的样子，更是把狼吞吃同类的残忍天性具体生动化了。】因为它们粗俗鄙陋，无论什么难以下咽的东西都能成为它们的腹中餐，比如腐烂的尸体、干枯的骨头、野兽的皮毛等，这让它们呼出的气味恶心刺鼻，非常难闻，而且也导致它们经常呕吐，这也是它们的肠胃经常空空如也，需要不断寻找食物的原因。

除了皮毛对人类有用之外，狼几乎一无是处。它们外貌粗鄙丑陋，气味刺鼻恶心，本性邪恶凶残，连叫声都让人毛骨悚然，总之，几乎它们的一切都让人讨厌。

狼有很多种类，几乎都是按地域划分，按地域命名的。生活在北极地区森林里的狼叫北极狼，主要分布在加拿大的拉布拉多地区到英国的哥伦比亚地区。它们的毛色较多，多为灰色、白色或黑色，有的甚至是红色，喜欢群居生活，一个群体有20～30个成员，由两只头狼领导，雌雄各一。主要猎食驯鹿、麝牛等大型的食草动物。

埃塞俄比亚狼又名西门豺，也是因地域而得名，它们只生活在如埃塞俄比亚的西门山那样几个非常狭窄的区域里。它们珍贵而稀有，目前全球仅存五百多只。这种狼最大的一个种群在大包山国家公园，数量也仅为120～160只。埃塞俄比亚狼也喜欢群居生活，通常3～13只就组成一个群落。

巴西东北部到秘鲁南部的区域内有一种狼，叫鬃狼，也叫巴西狼、南美狼，属珍贵的犬科动物，它们的身影也常出没于巴拉圭和阿根廷的部分地区，大多以草原、灌木丛和河流为活动区域。鬃狼的身高与体重和一个孩子差不多，肩高1米多，重20～25千克。体侧覆盖着红褐色的皮毛，背部和腿部则多为黑色，尾巴尖儿、肩部和喉咙处又呈现白色。

狐狸

狐狸一向诡计多端、狡猾奸诈。【⚡成语：贴切地表现出了狐狸满腹坏主意的样子，简单的成语具有很强的概括力。】狐狸仅凭智慧就能完成狼必须靠蛮力才能做成的事，而且总能得手，在这一点上，狐狸的狡猾和诡计多端就可见一斑。不仅如此，狐狸还很有耐心和警惕性，它们从不会跟狗或牧羊人正面交锋，也不会主动进攻，而是选择恰当的时机，利用恰当的手段，获取最大的利益，并懂得如何保护自己。它们走起路来轻快敏捷，耐力十足，走很远的路也不觉得疲劳。可它们太不自信，会给自己建一个可以在紧急时候避难的洞穴，并在里面定居，繁衍后代，因此，它们属于有固定住所的动物。

狐狸和人类一样，很懂得享受，会把住所收拾得舒适无比，连入口都很讲究。安全当然很重要，因此它们选址很慎重，一般住在森林边儿上，离村庄不远，利于捕食人类畜养的家禽。在那里能清楚地听到鸡鸣鸭叫，一旦有离群的家畜，它们就发挥自己的聪明才智，让周围一切有利的条件都为自己服务，巧妙地抓住时机，往往能让自己美餐一顿。

狐狸只要钻进篱笆，就会在禽舍中大开杀戒，残忍而贪婪地咬死所有家禽，再分批带走这些战利品，藏在隐蔽处或是洞穴中。

【🏠动作描写：用一连串的动词"钻进"、"大开杀戒"、"咬死"、"带走"、"藏",形象具体地描绘了狐狸偷猎家禽的详尽步骤,朴实的词语体现了狐狸的狡猾和贪婪。】天亮后人们出来活动时,它们才罢手。狐狸经常用自己的智慧不劳而获,它们能把被人类用粘鸟胶和陷阱制服的鸟雀和其他小动物据为己有。有时一天偷好几次呢。从这些可看出它们的确贪婪成性。在毫无遮掩的平原上,狐狸喜欢追捕那些无处藏身的野兔,也会在密林中悄悄潜行,狡猾地偷袭小兔子,或者卑鄙地抓捕正在专心孵蛋、毫无反抗之力的母山鹑和母鹌鹑。

狐狸食欲旺盛,贪吃成性,鸡蛋、牛奶、奶酪、水果等,一切美味,它们无所不食。如果没有抓到野兔和山鹑,老鼠、田鼠等也可以凑合着填饱肚子。这也算是狐狸的一个贡献吧,让这些危害人类的小动物减少了很多。香甜可口的蜂蜜总是让它们垂涎欲滴,【☞成语:生动形象的成语表现出了狐狸看见蜂蜜时被馋得连口水都要滴下来的贪婪样子,语言具体形象,生动传神。】于是袭击蜂巢就成了常事。如果被野蜜蜂或大胡蜂团团围住,蛰得面目全非,它们就用打滚的方式对付。这样一来,很多蜜蜂就丧命于它们的滚压之下,被迫放弃蜂巢,举家搬迁,另觅筑窝之所。此时,狐狸就可以美滋滋而且毫无顾忌地品尝它的甜点了。狐狸的狡猾和贪吃是名副其实的,鱼虾等都是它们的美味,甚至连让人无从下手的刺猬,它们对会起来也很有一手。它们用爪子把刺猬翻过来,使刺猬最易被攻击的腹部朝上,这样刺猬尖刺的防卫功能尽失,狐狸就可以大快朵颐了。

狐狸也像狼一样,感官敏锐,但就其发音来说,狐狸要更灵活些。狼的吼叫单一,只会发出恐吓的嚎叫,而狐狸会因感情不同而发音不同。有时发出尖利的高叫声，和狗吠相似，音节急促，节奏相同；有时也会发出孔雀叫声般的哀鸣。当遭受类似断腿的重伤后，它们就会发出痛苦的呻吟，而一般的轻伤，则不会出声嚎叫。狐狸在夏季很少嚎叫，而在冰雪覆盖、食物缺乏的冬天，它们会因饥饿而哀鸣不已。受到棍棒打击时，它们会勇猛地反抗和防卫，绝不屈服求饶。不过，被狐狸咬到是非常危险可怕的，因为一旦被咬住，它们就不会轻易松口，人们只能用铁器或棍子**撬开**它们的嘴巴。【Ⓡ动词："撬开"这一体现力度的词语，很形象地说明了狐狸超强的咬合力，具体地体现了狐狸咬住东西后的可怕程度。】

　　狐狸睡觉很死，有人接近它们，即使不蹑手蹑脚，也不会吵醒它们。它们的睡觉姿势也很特别，常缩成一团。狐狸在休息时才伸开腿，直挺挺地趴在地上，不怀好意地窥视着鸟雀。【🏠动作描写：动词"缩"、"伸开"、"趴"、"窥视"既介绍了狐狸的生活常态，又充分体现了狐狸的狡猾和贪婪。语言简练，把枯燥的介绍变为生动具体的描绘，给人以完整丰富的印象。】鸟雀对狐狸深恶痛绝，只要看到狐狸，就会及时向同类发出警报，有时也会实施跟踪，如松鸦和乌鸦，能跟踪狐狸达两三百步远呢。

獾

獾天生懒惰，是一种独居动物。在人类看来，它们似乎有意逃避群居或是讨厌阳光，总是隐居在僻静而阴暗的树丛里，甚至它生命中有四分之三的时间是在黑暗的洞穴里底过的。它们天生多疑，很缺乏安全感，只有觅食时才外出活动。

獾身长腿短，前爪细长有力，善于刨土。挖洞穴时，它用前爪不停地刨土，后爪将土推到身后，不久就会形成一个小土堆，可见速度之快。它们建造的洞穴可不简单，迂回幽深，【**形容词：简练而形象的词语把獾的洞穴又深又曲折的特征简单明了地表现出来。**】很能体现獾挖洞的技巧。由于缺乏这种才能，所以狐狸就会经常使用蛮横狡猾的威胁，或者卑鄙得用粪便污染獾的洞穴，达到最终霸占的目的。獾被迫离开，狐狸就不知廉耻地住进去，为了住得更舒服，它们通常要把洞穴扩大、拓宽。獾离开后也不会走远，经常会在附近另找一个隐蔽之所，重建家园。

獾一般只在夜里外出活动，但不会远离家门，便于在有危险时能迅速跑回洞穴，这是一种愚笨而又最有效的自卫方式。獾的腿太短，跑不快，无法躲避敌人的追赶。一旦遇到狗，那只有被狗抓捕的份儿了。不过，没人协助，狗也不会轻易得手。獾的皮毛很厚，腿、下巴、牙齿和爪子都十分有力，即使被狗扑倒，【**动词：**

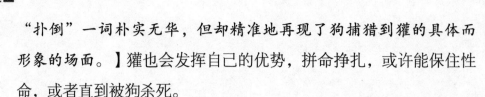

"扑倒"一词朴实无华，但却精准地再现了狗捕猎到獾的具体而形象的场面。】獾也会发挥自己的优势，拼命挣扎，或许能保住性命，或者直到被狗杀死。

松鼠

松鼠是一种非常讨人喜欢的小动物。它们有着可爱的外形，天真无邪的眼睛，【形容词：拟人化的词语生动地突出了松鼠眼神的纯真。】还有蓬松柔软的大尾巴。我们经常能看到它们躲在尾巴下乘凉。松鼠很爱干净，常常用爪子和牙齿把毛发梳理得光滑柔顺，而且全身没有任何气味。它们以各种果实为食，如榛子、榉果、橡子栗子以及各种水果，有时也凭借自己的灵活、矫健和敏捷捕食鸟雀。

松鼠不像老鼠那样呆在黑暗的地下，而是生活在高大的密林中，把窝筑在高高的树上，饥食野果渴饮露水，过着神仙般的生活。松鼠常直立地蹲坐着，像人一样用前爪拿东西吃。松鼠害怕陆地，在一目了然的空旷田野和平原上，人们很少能看到它们的身影，它们更不会与人为邻，从不在人类生活区附近活动。松鼠很聪明，曾有人说，松鼠因怕水，会把树皮当作船，以它那蓬松的大尾巴为帆和桨来渡过河流。松鼠生活很有计划性，它们在夏天就开始积极准备过冬的食物了，经常收集榛子，把它们储存在树洞或缝隙里，以便自己能安然度过缺少食物的寒冷冬季。松鼠不会像睡鼠(睡鼠是啮齿目的一科，它是冬眠时间最长的动物，因而得名)那样需要长时间冬眠。下雪后，它们有时也会出来活动，刨开积雪寻找食物。松鼠很警惕，只要感觉到树干轻微的晃动，它们就会立即出逃，跑到别的树上，或者躲在大树枝下探查究竟。【🏠动作描写："感觉"、"出逃"、"跑"、"躲"、"探查"等词语的使用，准确地描绘出松鼠对外界变化的灵敏反应以及高度的警觉性，语言朴实却又传神。】松鼠的爪子很锐利，能轻而易举地抓住树干，动作又灵活迅速，转眼之间就已爬上了一棵山毛榉。

松鼠的叫声响亮、尖锐，和石貂(石貂也叫岩貂，体形比紫貂略大，属于较大型的貂类，多在沟谷、乱石坡筑窝，一般在夜间活动)的叫声相比有过之而无不及。松鼠被激怒时，反而闭上嘴巴，这样发出的声音就成了低沉的吼叫。松鼠走路总是连蹦带跳的，这是因为它们的身体太轻，正常行走起来很困难。

松鼠只有在晚上才出来游戏、觅食。晴朗的夏日夜晚，松鼠会在树上互相追逐打闹，像出来乘凉时在大街上淘气玩耍的孩子。【🔍比喻：用淘气调皮的孩子比喻松鼠，突出了松鼠的活泼可爱，生动地再现了松鼠在树上追逐打闹的热闹场面。】松鼠白天一般都躲在凉爽的巢窝中，仿佛是害怕夏日强烈而灼热的阳光似的。松鼠筑巢很有一套，先选择高度适宜的树杈，然后去搜集细小的枯枝，用苔藓把它们编织在一起，最后用自己有力的后肢踏紧、压实。整个巢舒适、干爽、温暖，宽敞又结实，是个小小的安乐窝。【✍形容词："舒适"、"干爽"等多个形容词的连用，突出了松鼠窝的宜居性，体现了松鼠高超的筑巢技巧，语言简练利落。】巢的出口上方还编织了一个圆锥形的盖子，当作屋顶，也起到隐蔽巢穴和遮风挡雨的作用，而且出口一般都朝向高处，比较狭窄，大小刚好适合它们进出。

松鼠通常一胎生三四只幼崽，每年冬天一结束，幼崽就开始换毛，新长出的毛颜色要深得多。松鼠肉可以称得上是美味佳肴。它那蓬松的大尾巴也很有用，上面的毛可以制作画笔。可惜的是，它们的皮不够有韧性，不能做成皮制品。

刺猬

古语说：狐狸无事不通，刺猬只通一事。的确，狐狸的聪明狡猾，刺猬无论如何也比不上，但是它们却懂得如何不战而屈人之兵。它们没有上天赐予的强壮有力的身躯，身手也不够敏捷，当遭受到敌人攻击时既不能做出有力反抗，也想不出好办法逃跑。但大自然造物是公平的，不会让刺猬毫无优点，而是赐予了它们一副布满针刺的"钢盔铁甲"。一遭到攻击，刺猬就立刻蜷缩成一团，让它们杀伤力很强、保护性能也很棒的"盔甲"向四面张开，令敌人无可奈何。【■动作描写：通过刺猬身体的蜷缩、刺的伸展写出了刺猬对待外敌攻击的状态，准确而生动。】刺猬除了满身针刺可以保护自己外，它们的一种本能反应也可以起到防御作用：它们害怕时撒出的尿能散发很强的湿气，并带有浓烈的臭味儿，最终致使敌人被熏走。当狗遇到刺猬时，猎狗害怕被它们的长刺刺伤，更讨厌它们的尿臭味儿，因此，一般只会狂叫威吓，【■动词：用猎狗的叫声突出了刺猬御敌有方，连猎狗都很无奈。】而不会冒着被刺伤的危险去捕捉它们。不过，也有例外，有些狗很狡猾，像狐狸一样，善于采用巧妙的方法捕捉刺猬。除了狗和狐狸外，刺猬一般并不惧怕那些只有力气而缺乏策略的石貂、松貂、白鼬和其他猛禽。

有人曾在花园里放养过刺猬。在那里，它们吃落在地上的果实，有时用鼻子拱土，挖树根吃，也捕食鳃角金龟、金龟子、蟋蟀、蠕虫。不论生熟，它们都对肉表现出强烈的贪婪，它们的这种生活习性并不会造成多大的危害，也不怎么让人厌恶。刺猬也属夜间活动的动物，白天，它们几乎一动不动，似乎总在呼呼大睡；到了夜里，它们就开始四下里奔走，但一般不去居民区附近。【👣 对比：用"一动不动"和"四下里奔走"这一鲜明的对比体现刺猬白天和夜晚两种截然不同的生活状态。】如果人们想要一睹它们的芳容，那么可以到乡下的树林、老树洞或者石头缝里寻找它们的踪迹，田野和葡萄园中的石头堆里也常有它们的身影。它们比较喜欢干燥的高地，有时也会跑到草地上去。刺猬并不怕人，人走到它们跟前，可以用手轻松地抓住它们，因为它们既不逃走，也不反抗，只是立刻把自己蜷缩起来，用全身的刺儿进行自卫，那些刺儿还真是让人不可小觑呢。当然，想要它们伸展开来并不难，往水里一放就行了。

刺猬每年产崽一两胎，每胎有3～6只小崽。小刺猬的适应能力很强，几乎不得病。偶尔会感染一些肠炎、皮癣或寄生虫等小毛病，这类小病用人类的相应药物完全可以治疗。

刺猬也和其他冷血动物一样需要冬眠。它们食量很小，而且可以长时间不吃东西，因此，它们无需在夏天储备食物。它们的肉质粗劣，但皮毛可以制成刷子，用来梳麻或者刷衣服。

河狸筑堤

每年六七月份，河狸从四面八方向河边赶来，形成一个规模庞大的队伍，数量极大，有两三百之多。河狸通常在自己居住的河边或周围的地方聚会。河狸一般都选择相对平稳的水面来居住，那样它们就不必劳心费神地筑堤了。但如果水面经常涨落，它们就需要修筑河堤，在河面形成一个相对稳定的水域或小池塘，就像一道水闸，横穿河流。这项浩大的工程，对于小巧的河狸来说，实在是太艰巨了。但它们的辛劳不会白白付出，堤坝的坚固足以让人叹服。

河狸修筑堤坝的地点一般选在浅水区。如果遇到一棵倒在河中的大树就更好了，它们会把树啃断，当作工程的主要部件。它们一般挑选那种有两个人身子那么粗的树干。树干如此粗大，要想弄断，它们也别无妙法，只能用自己的四颗门牙。河狸很聪明，啃咬大树时，先从树根着手，好让大树按它们的意愿恰好横躺在河面上，接着，为了让树干更光滑并保持平衡，它们要再把多余的树枝弄断。

这项费时费力、声势浩大、程序复杂的筑堤工程，需要河狸们<u>同心协力</u>才能完成。【**成语：用简单的成语准确地概括出了河狸团结一致、共同努力完成艰巨任务的情形。**】它们很会分工，树倒后，一部分河狸凑上去啃断树杈，一部分河狸在岸上来回忙着弄断粗细合宜的小树，去掉枝叶，弄成木桩；<u>再将木桩运到筑堤地点，插入水底，做成紧密结实的桩基，还要在上面缠上树枝。</u>【🏛动作描写："运"、"插"、"做"、"缠"，几个看似简单的动作对小小的河狸来说却是相当艰巨的，平常用语中体现了河狸的毅力和辛苦，用词简练准确。】由此可以看出，这项工程难度有多大，程序有多复杂，河狸的耐心和毅力实在让人佩服。然而更难的还在后头呢。河狸要把木桩垂直插入水底，就要先把木桩靠在河岸上或横在河面上。一部分河狸先叼住粗的一头，另一些河狸钻入水底，刨开一个木桩可以插入的洞，再把细的那头插进洞里。而这些洞需要其他河狸用寻找来的泥土加水搅拌填实，以便固定住木桩。这个过程说来简单，但对河狸来说却是任务艰巨，需要动用它们的前爪、后爪、嘴，甚至尾巴，几乎全身器官都用上了。桩基由好几排齐高竖起的木桩组成，而且一直延伸到对岸，横跨整个河面。这个木桩筑就的堤坝，水流经过的一边木桩垂直竖立，支撑木桩重量的一边则留有倾斜度，这样就保证了大坝牢固异常。坝的底部宽3～6米，顶部宽不到1米，形状美观，更利于蓄河水、耐水压，并能很好地分散河水的冲击力。河狸还在堤坝上开出两三个排水口，根据河水的涨落，来调整排水量的大小。当特大洪水来袭时，堤坝可能会被冲出好几个缺口，但水一退去，河狸很快会把缺口补上。小小河狸的筑堤工程真是可以和人类的水利枢纽工程相媲美了。

河狸的习性

河狸的仓库一般就建在居所附近的水域，每个河狸家庭都有自己的仓库，其数量和家庭成员多少相适应。所有的河狸都会尊重其他成员的权利，不去抢夺他人的劳动成果。河狸群落一般只有10～20个成员，拥有20～25个成员的相对较大的群落比较少见。在整个群落里，每只河狸都是独立的，拥有完全属于自己的居所和领地，不经同意，任何外来成员都不准私自住进它们的领地。通常，河狸家族的成员数量都是成双成对的，雌雄数量相同，有两个、4个或6个，稍大一点儿的有18个或20个，最大的有三十个左右。

河狸之间都能和睦相处，即使成员再多也能相安无事。它们共同劳动，共同享受生活，关系亲密。在共同的劳动中，它们聚居在齐心协力建造起的大家园里，因为食物足以填饱它们的肚子，况且河狸又没有什么贪欲，厌恶肉食，食量又小，因此从不会发生争斗吵闹事件。它们沉浸在和平安定、丰衣足食的幸福生活里，这种幸福是其他种群可望而不可即的。它们性好和平，即使遇到敌人，也只是避开对方，从不冲动，做无谓的牺牲。一旦危险突降，河狸就用尾巴击打水面，【📖动词：简单的词语既能传达出拍打水面的力度，也能体现情势的危急，用词精准传神。】发出警报，整个聚居区都可以听到。听到警报声后，所有河狸或潜入水中，或藏身洞

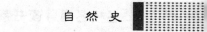

内，以此来躲避危险。实际上，它们的住所很牢固，除了闪电和人类铁器的破坏，任何动物都不会给住所里的它们造成威胁。河狸的窝还特别舒适而干净，简直一尘不染，地面上铺着绿色黄杨或枞树的枝条，朝向水的一面开有窗子就算作凉台。河狸白天的大部分时间都呆在这个安乐窝里，乘凉、洗浴或者只是休息，任它们选择。洗澡时，它们浸泡在水里，只露出向上挺着的头和上半身，<u>陶醉痴迷地享受着此时的惬意。</u>【🏠神态描写："陶醉痴迷"一词充分体现了河狸生活的惬意状态，生动简练。】河狸有时也会钻到远点儿的冰层下，此时人们可以轻而易举地抓到它们。因为只要先在不远处的冰层上打开几个窟窿，再从一侧攻击它们的窝，一会儿河狸就会到窟窿边儿换气呼吸，人就可以在窟窿边儿上等着它们上钩了。

河狸一般在九月份就忙着储存食物——树皮和树枝。完成一切后，它们便安心地享受幸福生活了。果实累累的秋天和白雪皑皑的冬季对河狸来说是两个幸福而浪漫的季节，在这段时间里，河狸不必劳动，只是休养生息，并享受恋爱的甜蜜和繁衍后代的幸福。它们一般都是自由恋爱，在艰辛而快乐的共同劳动中，相互认识、了解，直到找到知己后走进婚姻的殿堂。<u>成家立业后，它们常悠闲地呆在温馨的小家中，享受甜蜜的二人世界，偶尔也一起肩并肩地出门散散步，或者一起寻觅美食。</u>【✍拟人：生动形象地描绘出河狸婚后的幸福生活，用语活泼俏皮，富有韵味。】

河狸怀胎四月，冬末产下小宝宝，每胎有两三只。此时的雄河狸不再住在家里，而是离开住宅，到田间地头去欣赏春景、寻找美食。当然，雄河狸会常回家看看，雌河狸则安心在家抚养幼崽。几个星期后，小河狸就能跟着妈妈外出散步或觅食了。它们捕食鱼虾或啃新长出的树皮，整个夏天都在凉爽的水上和树林间度过。秋天是河狸再次聚会和劳动的时间，它们要把夏天被洪水冲垮的堤坝或巢穴重新修缮妥当。

狮

和动物相比，人对气候的适应性很强，不论什么地方，气候炎热也罢，寒冷也好，人类都能很好地生存。可见，气候对人类的影响微乎其微，即使有点影响，也只是造成了肤色的不同，比如欧洲的白种人、非洲的黑种人、亚洲的黄种人，但归根到底，人还是人。

动物没有人类那么强的适应能力，环境对它们的影响很大。生活在不同环境和气候条件下的动物，特征不同，差异很大，这也是动物种类繁多的一个原因。动物的生存环境几乎是不能改变的，一旦有所改变，就有可能危及它们的生命。比如只能生活在热带地区的动物就不能到气候寒冷的地区生活。驯鹿从不会出现在南方，狮子也绝不到北方居住。每一种动物能够世代繁衍生息，存在于这个地球上，是因为它们都遵循自然规律，只选择在适合它们生存的地域和气候里居住。因此，在一定意义上说，气候是造成动物种群差异的重要原因。

气候的冷热首先会对动物的体形外观和生活习性产生巨大影响。在炎热气候条件下生存的动物，在外形上，一般比在寒冷或温暖地区生存的动物更高大、强壮，习性也更凶猛、残忍。生活在北非和印度的狮子，就比别的地方的狮子更强壮、更凶猛、更可怕，其他肉食动物虽然也勇猛强悍，却只能成为它们的腹中餐。在阿特拉斯峰顶，整日生活在冰天雪地里的狮子，就没有生活在贝尔杜格里德或撒哈拉大沙漠中的狮子那样骁勇善战、残忍成性。因此，生活在热带沙漠气候下的这些狮子就成了旅客的眼中钉、肉中刺，只想除之而后快。凭借自己的聪明才智，人类不断制造出各种精巧而又极具杀伤力的现代化武器，轻而易举地就可以战胜这些百兽之王。正是由于这些人为因素，这些可怕又很稀少的狮子更是日渐减少，这不知是喜是忧？

人类的才智和武器，对狮子产生了很大的影响，人们不但在力量上能轻易打败狮子，甚至还能在气势上瓦解狮子的勇气。生活在印度和柏柏尔人城镇里的狮子，因为清楚人类武器的厉害，尝过苦头，就显得温顺些，有的甚至已经丧失了基本的勇气，失去了王者应有的气魄，就像一只听话的狗一样，听到人类的吆喝声就会乖乖地顺从。它们从来没有勇气袭击人，哪怕只是向人展示一下它们的威严，而只敢袭击牲畜，可是就连牲畜它们也只选择弱小的，它们已经完全不自信了。它们甚至害怕妇女和儿童，一经这些人的吼骂和棍棒的威吓就逃之夭夭了。猎物没逮着，反而被羞辱得灰溜溜的，【形容词："灰溜溜"生动形象地写出了狮子失去自信和勇气后的具体神态，用词传神、细腻。】完全没有了往日的风范和气概，或者说它们已经不是真正意义上的狮子了。

虽然如此，但是在人迹罕至或者是那些人类从没到达过的荒漠地区，比如广袤的撒哈拉大沙漠、塞内加尔和毛里塔尼亚边境之间、非洲南部的霍屯督北面的荒无人烟之地，以及其他一些无人定居的荒漠，狮子依然很多，并且都保持着自然赋予它们的天性。不论遇到什么种类的动物，它们都会发动攻击，而且屡屡得手。经常性的胜利让它们更加凶猛、强悍。这里的狮子对人类知之甚少，或者说是完全没有概念，在它们眼里，人类只是可以猎捕的目标。它们也没尝过人类的武器带给它们的苦头，似乎很想与人类较量一番。这些狮子从不知畏惧和逃跑，即使受伤也不会让它们心生半点恐惧，只会让它们更愤怒，搏斗得更疯狂。在人迹罕至的沙漠中，狮子即使孤身作战，也敢攻击人数众多的商队。一番激战后，它们没有占到丝毫便宜反而筋疲力尽了，这时它们也不会选择逃跑，而是像个英勇无畏的战士一样继续搏杀，或许会坚持到一方倒下为止。

上面两种狮子的表现说明，它们对经历过的事情是有记忆的，能够对人类产生畏惧之心，而且人类也可以像驯化马、狗等动物一样驯化它们，只是驯化程度不同罢了。历史故事中，狮子总是对主人温驯、忠实，对敌人毫不留情。故事中狮子有时是勇敢的战士，为了主人勇赴沙场；有时是荣归的英雄，拉着凯旋之车，被众将士簇拥着展示威仪。实际上，如果我们把年幼的狮子和家畜圈养在一起，时间长了，受生活环境的影响，它们会很容易和家畜和睦相处，甚至打成一片。它们会像其他家畜那样对主人表现出温顺的态度，甚至会产生依恋之情。当然，这种温顺并不是骨子里的，它们偶尔也会暴露出凶残的天性，不过，一般情况下不是冲着主人去的。但这一切并不能证明，我们可以通过驯养就彻底消除它们凶残、暴虐、食肉的自然天性。如果狮子很久没有进食，已经饥饿难耐，或者受到过分的折磨、虐待，这都是十分危险的，它们会因此狂躁不安、野性大发，直到欲望得到满足。更危险的是，它们还会记仇，对来自外界的欺辱在很长时间内都耿耿于怀，【✄成语：精炼的成语把狮子对人类曾经虐待它们的事不能忘怀、牵萦于心的状态形象地体现了出来。】似乎不知何时就要实施报复。一般情况下，狮子是安静的，只要我们不招惹它们，或者我们以温和、宽容的方式地对待它们，它们也会感恩于心，撒欢讨好，即所谓的投之以桃报之以李。虽然说得有点儿夸张，然而事实证明，狮子确实有根据所受待遇做出知恩图报或残忍报复的选择。人们经常看到，狮子对不同对手的表现不同，卑微的敌人攻击它们，它们会表现出一脸的不屑，不但不会反攻，反而会给以宽恕；当遇到强大的对手而被迫沦为俘虏后，它们虽不甘被俘，却也不乖戾暴躁，反而会变得温顺、乖巧，渐渐地听命于主人的指挥。更不可思议的是，它们有时甚至会拯救被人类捕获，用来充当它们食物的猎物，而自己宁可饿着。从这一点来看，狮子的善良品性并没有完全泯灭，只是平时沉睡不醒罢了。

有什么样的外貌往往就会配以什么样的内心世界，狮子的外貌和内心的品性就是相互辉映的。<u>狮子的体形十分匀称矫健，不像大象、犀牛那样过于庞大，不像河马、水牛那样过于笨重，更不像骆驼那样畸形。</u>【👁对比：用大象、犀牛、河马、水牛和骆驼作对比，突出了狮子体形的完美健壮。语言简练，对比鲜明。】它们相貌威严，看到的人会不自觉地产生敬畏之心；目光坚毅果决，让人望而生畏；性格豪迈奔放，容易让人心生喜爱；吼声震天，显示着不凡的气魄和胆识。【🔍排比：描写了狮子的外貌、目光、性格和吼声，用语简短，一气呵成，增强了语言气势。】它们的整个身体是力与美的完美结合，刚健遒劲，没有赘肉，脂肪合宜。它们的尾巴也一样力大无比，只是摆动一下，就可以让一个人跌倒在地。很特别的一点是，它们前额上的皮肤能够活动自如，因此，它们也有着其他动物没有的丰富表情。

　　饥饿会激发出狮子所有的暴虐、凶猛的天性。为了填饱肚子，它们会袭击它们遇到的所有动物。幸亏狮子的吼声响亮、动作幅度大，稍有点儿警觉性的动物老远就能发现危险的逼近。于是，狮子就改变策略，躲藏起来，偷袭那些丧失警惕的动物。它们一般选择茂密的树林作为藏身之所，静静地、富有耐心地等待猎物的靠近，然后，全力一扑，争取将猎物一击毙命。生活在沙漠和森林里的狮子主要捕食羚羊和猴子。当然，由于它们没有老虎和美洲豹那样高超的爬树本领，只能吃那些接近于地面或直接在地面上奔跑的猴子。狮子的食量很大，每天需要吞下7千克左右的生肉，但它们无需每天进食。它们一次能吞下很多食物，然后可以连续好几天不进食。它们的牙齿锋利坚固，能轻而易举地咬碎猎物的骨头，撕开猎物的皮肉。【🏠动作描写："咬碎"、"撕开"很形象地写出了狮子吞吃猎物的具体状态，用词准确而富有力度。】据说狮子的耐饥饿本领很高，可以长时间不吃东西，但它们却需要不断饮水，因为它们体温高，不耐干渴。狮子喝水时用舌头一舔一舔的，样子很像狗，不过，舌头卷曲的方向却完全相反，狗的舌头向上卷，狮子则向下卷。舌头向下卷有一个很大的缺点，会漏掉很多水，这样狮子就不得不长时间饮水了。狮子很喜欢鲜肉的滋味，尤其是刚刚捕获的猎物的肉，更是让它们**垂涎欲滴**。【☆成语：精炼的成语生动地形容出了狮子在美味面前贪婪得流口水的样子。】它们不是腐食动物，不愿吃腐烂的肉。即使饥饿难耐，它们也宁愿付出劳动，去追赶奔跑的猎物。尽管狮子吃新鲜的肉食，但它们的体味儿仍然刺鼻难闻，尿骚味儿更是让人难以接受。

　　狮子的吼声可以称之为巨响，在夜晚空旷的沙漠里，它们的叫声**震彻云霄**，【☆动词："震彻"一词准确地描绘出了狮子的吼声在沙漠夜空回响的的状态，词语生动，充满动感。】让荒凉的沙漠显得越发阴森恐怖。狮子每天都要像是定时吊嗓子似的吼几声。在阴雨天，它们会叫得更频繁，像是表达对天气的不满。愤怒时，狮子的吼声突然而短促，没有夜晚时的那样响亮震耳，但更令人毛发上指，瑟瑟发抖。此时的狮子极度不安分，尾巴不停地向两边摆动，**噗噗**地击打着地面，【☆拟声词："噗噗"一词形象地摹写出了狮子不安时尾巴击打地面的声音。】像是在示威，更像是为进攻做准备；面部的表情不停地变化着，皮肤似乎失去控制地急剧抽动，眉毛也随眼睛的瞪大而上下抖动；白森森的牙齿露在外面，布满了坚硬的倒刺的舌头不断地伸出来。仅凭舌头，狮子就能把猎物开膛破肚。【🏠外貌描写：从表情、皮肤、牙齿等各方面进行描写，生动细腻的语言形象地描绘出了狮子进攻前的神态，语言富有生机和灵性。】狮子的眼睛即使在夜晚也能清楚地辨别物体，这一点和猫一样。有人认为狮子睁着眼睛睡觉，这是不正确的。其实是狮子睡觉很警觉，稍有动静就会惊醒。

狮子走路总是迈着倾斜的步子，但这不妨碍它们显示出高傲、稳重的不凡气质。它们的跳跃式奔跑，不能让步伐平稳匀速。狮子由于奔跑起来跳跃迅猛，难以立即停下，所以在追捕猎物时往往会越过猎物，一下子跳到了猎物的前面，迫使它们不得不再反身扑向猎物。这样，它们会一下子跃出十多步，猛力地扑倒猎物，用爪子撕碎猎物的皮肉后吞食。【动作描写：生动地描写出了狮子捕食的具体形象，用语浅显易懂，形象、充满生机。】狮子由于年龄增长而体力渐衰捕不到足够的猎物时，它们会跑到人类居住区附近，偷袭家畜，有时也伤人。除非年老力衰，否则它们不会轻易离开沙漠和森林的，因为那里有足够的食物供它们生存。狮子一般坚持着"人不犯我，我不犯人"的原则，当人和动物在一起时，狮子总是扑向动物。狮子具有报复心理，一旦认出攻击过它们的人，就会发起猛然攻击，进行报复。在很多猎物中，狮子更喜欢骆驼和幼象。未出牙的小象没有母象的帮忙是打不过狮子的，因此，它们常常成为狮子的腹中餐。狮子几乎没有多少对手，主要对手是大象、犀牛、老虎、河马。

狮子的肉气味浓烈，难以下咽，但非洲某些国家的人和印度人经常食用，感觉还不错。狮子皮以前主要用来做英雄的披衫以显示威仪，也可以制成大衣或床垫等。此外，狮子皮上富含的油脂，在医药方面常发挥极大的功用。

虎

老虎和狮子一样同属力量强大的猛兽，但它们的品性却有很大不同。狮子勇猛、高贵、仁厚；老虎则过于卑劣、残暴和冷酷。【◎对比：通过和狮子进行对比，使老虎的性格特征更加鲜明，语言简练而又生动具体。】从这一点说，老虎要比狮子可怕得多。狮子虽是百兽之王，但它们并不随便显示自己的强力，除非有人故意挑衅、招惹它们，否则它们不会主动发起攻击。老虎则相反，即使已经吃饱喝足，也经常难以控制它们嗜血的本性。它们天生如此，只有在捕猎时才会暂时收敛。它们把杀生当作乐趣，常刚咬死一只猎物，又扑向另一只猎物。老虎横行霸道，人和武力都不能让它们产生畏惧之心，有时甚至还敢胆大包天地冒犯狮子。

俗话说，体形显示着天性，是天性的一种外在反映。的确，狮子体形匀称健美，腿的长度和躯干的长度比例和谐；肩部和面部密密丛生着长长的鬣毛；眼神刚毅果决，举止庄重威严，这一切都是它们高贵、威猛、不可侵犯的内心辐射。老虎则躯干长，四肢短，二者比例失调，脑袋小而光秃，目光散乱迷茫，时常吐着血红的舌头，【🏠外貌描写：从老虎的躯干长短、脑袋、目光、舌头等各方面进行了具体描绘，使人对老虎有一个整体的印象，语言生动，用词准确，描写具体传神。】这些都是它卑劣、邪恶、贪婪、嗜血天性的流露。事实上，老虎就如吸血鬼一样，嗜血的本性超乎人的想象。

很幸运的是，在动物界这个大家庭里，在数量上，老虎并不占优势，活动范围有限，主要生活在东印度地区。老虎似乎天生就是为炎热的气候而生的，在马拉巴尔海湾和孟加拉国等炎热地区，江湖岸边时常有老虎出没。嗜血的贪婪本性决定了它们必须通过不断饮水来平息体内的燥热。由于天气炎热干旱，动物们也要不断补充水分，因此老虎饮水的同时，也可以在水边顺便伏击猎物。实际上，老虎的嗜杀本性让它们不能有一刻的安分，总是反复地捕杀猎物，只是为了尽情享受杀死猎物的快感。不过，老虎在享受这种快感的同时并没有丧失警惕，当杀死马、牛等较大的动物耗费不少体力，并感觉周围有潜在危险后，它们就会把战利品迅速转移，拖到森林中隐藏起来，安心独享。老虎拥有不凡的身手，奔跑起来相当轻快敏捷，并不因拖着沉重的猎物而有所减缓。

老虎贪婪、暴虐、嗜血的天性<u>根深蒂固</u>，【成语：用准确形象的成语比喻老虎的卑劣天性基础深厚，不容易动摇，突出了老虎的可怕。】根本无从改变，即使是武力威逼都不能在它们身上发挥丝毫作用。老虎还软硬不吃，善意的爱抚和凶狠的鞭打，都会激起它们的无名怒火。人们常说，温柔是把锋利的刀，能雕琢一切，然而，这把温柔刀对老虎也无能为力了。舒适宜人的气候也可以对其他动物的兽性有所改善，但这一次大自然在老虎身上也失去了权威，显得无可奈何了，也仅仅是稍稍减轻了它们的狂暴。老虎似乎把一切都看成了自己的敌人，甚至撕咬那些给它们喂食的手，认为人类的手就是袭击它们的罪魁祸首，任何生灵在它们眼前经过都会引起它们凶狠的咆哮。老虎被俘后，尽管有铁链和栅栏阻止它们任意行凶，但也是暂时的，人类始终也无法让它们的怒火彻底平息。

熊

熊既是野生动物，又是独居动物。它们不像鸡、鸭、猪等喜欢亲朋好友住在一起，而是逃离群体束缚，独自寻找一些原始、自然的地方安家，开始自己的生活。熊大概喜欢安静，越是人迹罕至的深山老林，熊住得越安心自在。因此，人们在探险或旅游时，在那些看起来危险丛生的陡峭山谷中会碰到熊在慵懒地漫步，或者在树木参天的密林的老树洞中也能看到一些熊的踪迹。熊看起来懒懒的，喜欢隐居在树洞内，即使没有食物，它们不吃不喝，也不踏出洞口一步，就这样呼呼大睡，不知不觉整个冬天也就过去了。【💡动词："呼呼大睡"准确地形容出了熊熟睡的样子，以及它那慵懒的模样。】

熊叫起来很恐怖，尤其是发怒的时候，本来就低沉暗哑的吼声，再混合上牙齿的战栗声，响彻整个森林，很容易让人毛骨悚然。熊有些像淘气顽劣的孩子，有时会很任性，乱发脾气，特别容易愤怒。【💡比喻：用顽皮淘气的孩子比喻熊，突出熊脾气的变化无常和任性，生动形象。】它们最讨厌人们触碰它们的鼻子，此举最容易惹怒它们。被驯化后的熊尽管看起来很温顺，但并不代表它们就真的很安全，人们还是要时刻保持警惕。

被驯化的熊能够站立，跳简单的舞蹈，聪明一些的能够听懂音乐，笨重的它们也能踩着音乐的节拍熟练地扭动身体。对于笨重的熊来说，学会跳舞是一项艰巨的任务，因此训练员从熊很小的时候就对它们实施终身训练。当然，从小训练的另一个原因是，熊一旦成年，就变得固执，而且无所畏惧，驯化它们就更不是一件容易的事了。

熊的听觉和触觉十分灵敏，尽管它们的眼睛很小，像颗闪亮的宝石镶嵌在棕黑浓密的毛发里，但它们的视觉却不因此而受任何影响，仍敏锐无比。不像兔子尾巴很短耳朵却很长，熊的尾巴很短，耳朵也很短。造物者是公平的，没有给予熊出色的外表，但是在嗅觉上，熊在众多动物中称得上是佼佼者，这种灵敏得益于它们奇特的鼻腔构造。它们的鼻腔里有四排骨质的薄片，薄片被三个垂直的平面分割开来，使它们接受气味的面积成倍地扩大了。

熊和人类有很多相似的地方：四肢健壮，手指和脚趾粗短，相互并拢，用拳头打架。但与人类趾甲的颜色不同，熊的趾甲是黑色的，还覆盖着一层厚厚的、坚硬的角质。

野象

与人类想象的相反，实际中的野象不但不是凶残的、嗜血的，反而天生是温顺的、友好的。野象只有在自己或同伴遇到危险时才会使用武力，总体来说野象是和平主义者。野象喜欢成群结队地行动，属于群居动物，人们很少看到它们独自流浪或离群索居。象的王国有着明显的规范典章，例如，象在遇到危险或到耕地上吃东西时，队列的编排是很有次序的，年长者走在最前面提供经验，年幼和体弱多病的则走在中间，年轻力壮的走在后面断后。当它们进行娱乐放松，如在草地上或森林中漫步时，谨严的纪律就可以暂放一边，不再那么紧张地保持这么整齐的队列了，但也不是完全没有秩序。它们都很有忧患意识，即使享用美食或睡眠时它们彼此也相隔不远，一旦有危险发生，发出警报后便可以互相救援。

然而，虽有如此规整的队列保持行动一致，但还是经常有一些象走失或掉队，这就给猎人提供了机会。但是猎人要想成功捕到这些象，也并非易事。要想以最小的代价战胜象群必须有合作意识，一定要有一个多人组成的小分队彼此配合。人们对象的任何冒犯之举都有可能招来杀身之祸。象秉持人若犯我我必犯人的原则，在遭到攻击时，象会不顾一切地朝着袭击者猛扑过来，尽管它们身材庞大，看起来愚笨得要命，可如果人真的这么认为那可就太自以为是了，因为象的步伐很大，这使得它们毫不费力就能追上跑得最快的人。一旦被追上，那可就惨了，它们长长的象牙就成了锐利的武器，很容易就能把人戳穿；【◎动词："戳穿"精准地写出了象牙的尖利，也突出了大象的强大力量，用词具体而充满动感。】它们平时柔韧的鼻子也不会放过发挥的机会，会把人们高高卷起再狠狠地甩出很远；它们厚大的脚掌更是能轻易致人死命。不管象使用哪种武器，人都用不了多久就会一命呜呼。不过不必担心，象从不主动攻击人，但是象会敏感地记住那些伤害过或试图伤害它们的人，并会寻机复仇。因此，那些过激的行为只会用在它们认为给自己造成威胁的人身上。那些经常出入于象群活动地带的商人都很有经验，他们从不对象有任何不智之举。他们在夜里燃起篝火，并敲打货箱制造噪音驱赶大象，使它们不敢靠近。

野象最为明显的特征便是它那又软又长的鼻子。物尽其用，象在动物王国里以嗅觉最为灵敏著称，即使离人很远，它们也能嗅到人的气味，追踪人的足迹更是小菜一碟。象传递敌情的方式很简单也很特别，据古人记载，象会用鼻子拔下猎人踩踏过的草，然后一一传递，让所有的象都熟悉敌人的味道，然后按气味追踪也就不是难事了。野象天生喜欢水，它们的生活更是离不开水，<u>人们常常能看到象群在河边嬉戏，尽显它们的自然天性；在深谷里游泳，享受舒心的凉爽；在潮湿的地带漫步，慵懒而惬意；在阴凉处潜水，展示游泳技巧。</u>【◎排比：把大象嬉戏、游泳、漫步、潜水这几个生活状态用排比的句式表达出来，生动有气势，突出了大象的活泼可爱的形象。】由于游泳时它们长长的鼻子总是竖立着，所以象很少溺水。象喝水时有一个很奇怪的做法，让人百思不得其解，它们喜欢把水搅浑，然后用鼻子吸满水送到嘴里喝下去。

象属于素食主义者，不喜欢吃鱼和肉，而树根、草叶、嫩树枝、植物的种子对于它们都堪称美味佳肴。或许是群居的原因，它们很愿意有福同享，一旦有象发现鲜美的草地，它绝不会独享，而是会通知其他象一起享用美味。对食物的大量需求迫使它们过着随水草迁徙的生活，必须频繁地更换取食地点，因此庄稼地有时也难以幸免。由于大象往往成群行动，因此很短的时间内它们就可能把大片的庄稼地踩踏得一塌糊涂，【✎成语：短小精悍的成语准确地形容出大象对农田的败坏到了不可收拾的程度，突出大象的破坏力之大。】庞大的身躯使得被踩踏破坏的庄稼至少是它们吃掉的十倍。居住在野象出没区的印度人和黑人对此经验丰富，为了阻止野象的破坏，他们根据野象害怕噪音和篝火的天性，制造巨响或燃起篝火来吓跑大象，避免农田遭殃。然而，随着时间的推移属于大象的森林和草地逐渐减少，野象占领耕地，赶走家禽便成为家常便饭，掀翻人类简陋的住宅的事情也时有发生。

战象

在战争年代，拥有纪律严明的军队是战争胜利的基本保证。据说，古代印度人的军队缺乏严明的纪律，因此他们最先发明了一招，把大象作为士兵，用于作战。大象就成了他们最好的作战队伍。在冷兵器时代，战争的胜败往往掌握在象的手里。不过，这种军队也没能长久地吓退敌人，从历史记载中可以看到，古希腊人和古罗马人很快找到了破解这种战术的方法，他们分开队列，让大象顺利通过，而不是和象群正面交锋，然后用箭射击那些赶象的人，这和擒贼先擒王有<u>异曲同工</u>之妙。【成语：生动地写出射击赶象人和擒住贼王一样重要，都能巧妙地达到想要的目的，形象生动，言简意赅。】

后来，火药成了战场上的新宠，人们进攻主要靠火器，战象就失去了原来战斗主力的地位。大象作为士兵有很多弱点，它们既怕火，又怕火器的巨响，退出战场这个本不属于它们的舞台也是必然。到了18世纪，为了显示威仪，讲究排场，印度各邦的君主仍然武装战象。战象没有了原来的重要地位，人们豢养的数量也就减少了，即使是当时印度最强大的君主也不足两百头。此时的战象也不再<u>名副其实</u>了，【成语：用简单的词语就说明了战象此时名义和实际已经不相符了，它们作为战士的时代已经远去了。】它们已成了交通运输工具，嫔妃们常坐在象背上的竹篓子里旅行。它们速度慢，也不会失蹄，当作交通工具很安全。美中不足的是不够舒适，大象摇摆会带来剧烈颠簸，所以嫔妃们需要花时间去适应这种旅行。其实，大象的脖颈是最佳位置，那儿不像肩、腰和后部晃动得那么厉害，乘坐着安全而舒服。大象体形庞大，肩宽背阔，在远行狩猎或作战迎敌时，赶象人骑在脖子这个最佳位置上便于驱赶，猎人或士兵则分坐在象的其他身体部位。

犀牛

犀牛体长2.2~4.5米，身高1.2~2米，粗壮庞大的身材，仅次于大象，是最有力的四足兽之一。但由于它们的腿没有大象的腿长，因此，人们在视觉上容易产生误差，会认为犀牛比大象小很多。

大象和犀牛虽然在身材上相似，但在本领上，它们的区别就大得多了。犀牛和所有四足动物一样，皮肤上没有分布任何感觉系统，也没有像人手那样的专门的触觉器官，更没有大象那样灵敏的长鼻子，只有一片还算灵活的嘴唇。而且，这嘴唇的灵敏性也远远比不上大象。虽然如此，犀牛还是拥有自己独特的优势，它们拥有其他动物无可比拟的力量，一般动物无法企及的身高，更厉害的是，它的鼻子上有一个厉害的超级武器——尖利又结实的犄角。这个角的杀伤力是所有反刍动物的角都不具备的。反刍动物的角由于存在位置的原因，只能保护头顶和脖子上部，而犀牛的角则几乎可以保护脖子之上的整个头部，包括嘴、鼻子和面部，避免其中任何一处受到伤害。因此，大象和犀牛，如果让奸诈的老虎选择其一作为对手，那么老虎只会选择大象，因为和犀牛打起来很可能会败在犀牛角下，甚至会丧命。

犀牛的全身覆盖着一层钢盔铁甲般的厚皮，简直刀枪不入。

【夸张：用"刀枪不入"夸张地形容犀牛皮的厚度与硬度，想象丰富。】虎爪、狮爪等锋利无比的爪子也对它们无可奈何，甚至连猎人的火器和铁器都对它们起不了作用。它们的皮又厚又硬，色泽和大象的肤色差不多，粗糙黝黑，只是质地比大象的皮厚、硬。大象很敏感，小小蚊虫的叮咬往往就能让大象烦躁不安，犀牛则对此毫无知觉。由于犀牛皮坚硬厚实，所以它们的皮不能皱缩，只有布满褶皱的颈部、肩部和臀部能活动自如。犀牛和大象就身体比例来说，犀牛的头部比大象的长，始终呈半闭状态的眼睛比大象的小。它们的上颌比下颌突出，上唇能够伸缩，伸缩长度甚至可以达到20厘米；嘴中央有一个尖尖的附属器官，它的成分主要是肌肉纤维，它的作用是抓取物体，类似于人的手或象的鼻子，但是不够完整。大象主要靠乳白的长牙抵御敌人，保护自己，犀牛则有两样厉害的武器，一是它那尖尖的角，二是位于上下颌的4颗锋利的门牙。除了4颗门牙以外，犀牛还有24颗臼齿，位于颌骨四角前部。它们耳朵的形状很像猪耳朵，一直竖在那里，上面生满了鬃毛。实际上，除了耳朵，犀牛头部其他地方都光秃秃的。犀牛的尾端也有一束坚硬结实的粗鬃，这一点和大象一样。

犀牛对食物要求不高，粗劣的干草、带刺的灌木就是它们的美食，就算给它们草原上鲜美的嫩草，它们也还是对这些"粗粮"情有独钟。【仁成语：短小精悍的成语生动地写出了犀牛对"粗粮"特别有感情，它们更愿把心思和感情都集中到"粗粮"上面。】它们对甘蔗和各类植物的种子也很感兴趣，但不吃肉类，属于素食主义者。它们凭借自己拥有的刀枪不入的"铠甲"和无坚不摧的犄角，几乎不畏惧任何大型动物，即使是老虎也得礼让它们三分。犀牛不是暴虐贪婪的动物，在没有受到挑衅时一般不会主动攻击人类。可它们一旦被激怒，就会大发雷霆，野性大发，十分危险。因此，猎人从不敢正面攻击犀牛，只能趁它们不注意或睡觉时进行偷袭。

最原始的犀牛当属印度犀牛，披着厚硬而呈灰紫色皮肤的它们犹如身着坚硬铠甲的古代骑士，只是长相丑陋，可不像骑士那么潇洒。巨大的头颅，长长的耳朵，宽宽的鼻子，小小的眼睛，这让它们看起来很不协调，而且肩膀、脖子和四肢处布满了褶皱，像是毫无生机的干燥的松树皮，这些丑陋的褶皱也是它们皮肤上最容易受伤的地方。

骆驼

阿拉伯人对骆驼总是怀着敬仰之心，他们认为骆驼是上天恩赐给他们的最神圣的礼物。在他们眼里，骆驼的神圣性在于拥有了它就拥有了生存和发展的基本依靠。因为骆驼也是阿拉伯人进行贸易和旅行的主要交通工具。骆驼的神圣性还体现在它们无私的奉献上，它们不仅奉献了自己的劳力，还奉献了自己的身体，甚至是自己的后代。骆驼奶和骆驼肉是阿拉伯人必备的食物和最喜爱的美食，小骆驼的肉更是阿拉伯人的最爱；骆驼每年换毛时褪下来的毛又给阿拉伯人增加了额外的收入，柔细爽滑的骆驼毛还被用来制作衣物或制成织物装饰房间。

骆驼不仅为阿拉伯人提供衣食，也让他们得以在浩瀚无边的沙漠里生存，还让他们拥有了强大无比的力量。骆驼简直就是沙漠之舟，它们在沙漠中一天可以跑200千米，就如船在海洋里轻松航行一般。【☯比喻：用船比喻骆驼，二者虽外貌不像但功能相似，突出了骆驼在沙漠中行走的轻松自如。】如果有哪一支军队想要在沙漠中追赶一群骑着骆驼的阿拉伯人，那只能是自取灭亡，不费对手一枪一弹就会全军覆没。【☯成语：精炼的成语体现出军队若是在沙漠里追赶骑着骆驼的阿拉伯人，只会把自己引上绝路，用词简单而语意完整。】如果阿拉伯人不想屈服，那么任何人也没法达到征服他们的目的。依靠骆驼的沙漠生活让阿拉伯人拥有独立、安定的品性，而且十分富裕，但也有一些不安分的阿拉伯人，也许是为了寻求刺激，反而放弃了安定的生活，让骆驼成了他们抢劫邻国或路人的帮凶。任何一个阿拉伯人，一旦成为"陆地强盗"，都会在很短的时间里适应沙漠行走的干渴、饥饿和疲劳。他们用极短的睡眠时间调整自己，补充体力，饥渴和高温也是他们必须面临的严峻考验。只要这些他们都能经受住，那么接下来就是对骆驼的考验和训练了。训练必须从小骆驼出生后不久就得开始，而且要循序渐进。一开始，阿拉伯人迫使小骆驼紧贴地面蹲下，让它们练习负载重物，而且随时日不断增加重量，并让其逐渐习惯于这种负重行走的生活。除了练习负重，还要训练骆驼忍耐饥渴的能力，即使骆驼口渴了，也不让它们饮水，还要一点点拉长骆驼的进食时间，以便减少它们的食物需求量。当骆驼稍微强壮、耐性渐好时就又要训练它们的奔跑速度了。

　　阿拉伯人很有办法提高骆驼的速度，他们让马给骆驼当榜样来刺激骆驼。经过一段时间的训练，骆驼就真的和马一样神速了。当人和骆驼都做好了准备，他们的邪恶行动也就开始了。骆驼驮载着必需品，带着他们来到沙漠边缘，等候过往的路人。抢劫得手后，他们再让骆驼驮着战利品回家。他们也很会躲避追击，跑得最快的骆驼就是他们最有利的逃跑工具。逃跑时他们要日夜兼程。【成语：精炼的成语很生动地写出了骆驼载着主人不分白天黑夜拼命赶路的辛劳。】在此期间，骆驼还要驮载着货物，每天只休息一小时，只吃一个面团。在这样恶劣的条件下，骆驼却可以很轻松地在一周内跑上一千两百多千米。这样的奔波常常能连续十几天。奔波过程中没有水骆驼就坚持不喝，直到找到水源后一次性喝够，并储存好走剩下路程所需的水。持续好几个星期的旅行对骆驼来说是常有的事，因此，它们处于不吃不喝的状态也是经常的事，这种状态的持续时间和旅行时间一样长。

斑马

斑马身穿黑白或黑黄条纹相间的别致衬衫，这件衬衫很考究，上面的条纹间隔均匀，而且相互平行。【✐拟人：用拟人的方式生动形象地描绘出了斑马的皮肤特征，突出了斑马的与众不同，语言细腻传神。】斑马用这样的"布料"做了整套行头，它们的头部、四肢，甚至尾巴和耳朵，都被这块"布料"包裹了起来，从远处看，就像全身缠绕着黑白或黑黄两色的带子一样。这些条纹按体形轮廓体现出或宽或窄的不同特点。这样的外表让斑马几乎成为四足兽中身形最好、最美丽的动物之一。除了外表，它们还有着像马一样优雅的举止，像鹿一样轻盈敏捷的身手。

根据条纹颜色的不同，可以分辨斑马的性别。雌斑马身上的条纹是黑白两色，雄斑马身上的则是黑黄两色。不管是黑白还是黑黄，那些条纹的色调都非常鲜亮，总是闪烁着健康美丽的光泽。【✐动词："闪烁"一词富有动感，充分体现了斑马皮毛色调的亮丽，有视觉冲击力。】斑马的体形介于马和驴之间，比马小，比驴大。但斑马不是马，也不是驴，它们是大自然创造的一

个独立物种，绝不是马或者驴的翻版。由于外形上的某些相似之处，我们总喜欢把斑马同马或驴比较，还称它们为"野马"或"条纹驴"，人们甚至想让斑马与马或驴杂交，但最终也没能实现这个愿望。

驼鹿和驯鹿

如果我们对驼鹿和驯鹿没有什么具体印象，那么将二者做个比较，会更容易看出二者的区别：驼鹿身躯高大、健壮，腿也粗长有力，脖颈较短，身上覆盖着很长的毛，头上的角宽而粗大；驯鹿体形相对矮小，腿粗而短，但蹄子比驼鹿的更宽大，毛更浓密，而且它们还有一个明显特点，就是角比较多，还有许多分叉，角的末端像人的手掌般宽大。

驼鹿和驯鹿的共同点是它们颈部下方都生有长毛；尾巴短短的，和顶着大大的角的头部相比，尾部显得光秃秃的，看起来有些不协调；耳朵却比鹿长得多。跟狍子和鹿一样，它们也是以跳跃的方式前进，走起路来就像人在一溜儿小跑，看起来身轻如燕，【严成语：生动的成语形象地比喻出了驼鹿和驯鹿体态轻盈、走路迅速的样子。】迅速而敏捷，似乎毫不费力。二者生活习性的不同使得它们的活动范围也有明显差别：驯鹿喜欢高山，驼鹿则喜欢低地或潮湿的森林。它们也与鹿一样，喜欢成群结队地行动，这样让它们更有安全感。因为它们都不是什么凶猛的动物，也不野性十足，所以都比较容易被驯化，但二者比起来，驯鹿更容易被驯化。也许正因为如此，驼鹿没有失去尽情享受自由的权利，无论走到哪里都能无拘无束，而驯鹿则失去了这最宝贵的权利，成了拉普兰人的家畜。拉普兰人居住在气候十分寒冷、条件特别艰苦的环境里。在那里，季节的转换会带来明显的昼夜长短的变化。天刚一入秋到来年春天结束，天地几乎一直处于大雪纷飞的状态，整个地区被大雪严严实实地包裹着。即使到了夏天，这个地区也不会呈现出生机勃勃的景象，荒野里也只点缀着点荆棘、刺柏和苔藓的淡淡绿意。【🏠景物描写：通过对各个季节环境的变化的真实描写突出了拉普兰人生活环境的恶劣。语言朴实无华却又给人以想象的空间。】这种恶劣的环境几乎不适应任何传统意义上的家畜生存，像马、牛、羊等这些对人有益的动物，在那儿会因饥饿和寒冷而死亡。聪慧的拉普兰人找到了替代传统家畜的目标，就是这些在森林中最容易驯化、最有用的驯鹿，他们也饲养了狍子。就这样，家畜的大家庭里又多了两个新成员。

　　大自然总是公平的，更是慷慨的，它所具有的无穷财富，我们至今都无法估量。大自然赐予人类马、牛、羊以及其他家畜，让它们为人类服务，给人类提供衣食。当这种赐予不能在某些地区通行时，大自然又赐予了拉普兰人驯鹿，让它代替其他家畜为人类服务。实际上，这种赐予已超出了平常的恩惠，因为驯鹿作为家畜作用更大，它集合了很多种家畜的优点。首先，驯鹿像马一样矫健，可以拉雪橇和车。其次，驯鹿的轻盈敏捷让它们奔跑的速度更快，一天走120千米是轻而易举的事，在冰冻的雪原上奔跑，对它们来说如履平地。【👣成语：生动地表现出驯鹿在雪地上奔跑十分轻松，突出了驯鹿的敏捷轻盈。】最后，驯鹿像牛羊一样提供奶，而且驯鹿奶还比牛奶更有营养；它们像牛、羊、猪一样提供肉，味道也非常好；像羊一样提供毛，而且质量更好，能制成上好的毛制品；也如牛、羊等一样提供皮革，而且它们的皮质更柔软、耐磨。总之，驯鹿是大自然赐予拉普兰人的一个能很好地替代马、牛、羊等家畜的全能动物。

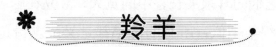

羚羊

羚羊的体形和外表跟鹿很相似，就四肢来说，后腿比前腿要长，这保证了它们的奔跑速度和极佳的弹跳力；犄角漆黑油亮。它们一般生活在非洲北部和印度地区，尤其是大羚羊，在这两个地方比较常见。

在特莱姆森、杜格莱、杜太尔和撒哈拉等地区也常有羚羊出没。这些地区的羚羊很爱干净，休息时，通常要找干燥、洁净的地方。<u>在旷野休息或准备吃草时，它们会保持较高的警觉，长时间地向四周观望察看，一旦发现危险，便迅速逃跑。</u>【🏠动作描写："保持"、"观望"、"发现"、"逃跑"等具体形象的动作生动地再现了羚羊在危险面前的敏捷反应。】它们虽然生性胆小怯懦，但并不意味着就好欺负，一旦受到突然袭击，它们就会变得勇猛异常，冲向敌人进行厮杀。

<u>羚羊的眼睛深邃、炯炯有神，而且目光温柔和善。</u>【🏠外貌描写：多个形容词的运用细腻地描绘出了羚羊温和而又精神的外貌特点。】人们说女人的眼睛很美丽，就赞她的眼睛如同羚羊的眼睛。大部分羚羊的腿比狍子的更矫健、灵敏、轻捷，毛也比较短，触感柔和，光滑又润泽。它们跑起来步态轻盈稳健、身手敏捷，可以和狍子相媲美。只不过狍子是以跳跃的方式前进的，而羚羊通常是匀速奔跑。它们的四肢和野兔拥有共同的特点：后腿比前腿长，更有

利于走上坡路。大部分羚羊全身的毛色分布是这样的：背部浅褐色，腹部白色，身侧棕色。羚羊的尾巴长短不统一，上面布满了黝黑细长的毛。它们的耳朵尖长，中间宽大，竖立在脑袋两侧，呈尖角状。蹄子和绵羊相似，所有的羚羊都是叉蹄。犄角又和山羊很像，所有羚羊无论雌雄，都长着角，唯一的差别是雄羚羊的角比雌羚羊的角更粗、更长。

河马

河马像犀牛一样强壮但没有犀牛鼻子上的角，吃各种植物却也没有反刍动物头上那样的角。它们痛苦时的吼声既像是马的嘶鸣，又像是水牛的怒吼。因此人们就根据声音的相似性叫它们"河马"，这与猞猁又被称作"猎鹿狼"的原因相同，缘于猞猁的吼声像狼吼。河马的门牙呈长长的圆柱形，而且上面有凹槽。下颌上的两颗尖齿，呈弯曲的棱柱形，也很长，弯曲的弧度很像野猪的獠牙。这两种牙齿都特别坚硬有力，啃咬铁器时都能溅出火花。或许正是因为这个，古人才认为河马能吐火。河马的臼齿呈方形或不规则的长方形，这和人的臼齿很像，但它们的要粗得多，每颗重约1.5千克。河马最长的牙齿可达50多厘米，最重的约有5千克。

除了拥有尖长、强健的牙齿外，河马还有着惊人的力量。被人们驱赶时它们会吓得逃跑，<u>但当它们身体受伤时，会疯狂地转过头来，冲向人类的船舶，轻则掀掉木板，重则拱翻整艘船。</u>【🏛️动作描写：通过"疯狂地转过头"、"冲向"、"掀掉"、"拱翻"几个动词的连用生动再现了河马受伤后的可怕表现，语言动感十足。】不过它们天性憨厚温和，在陆地上更加胆怯，一般不会主动进攻。

河马身体笨重，跑起来十分缓慢，一般很难追上其他动物。它们虽然脚趾间没有蹼，但游泳的速度却很快，当然，无法同河狸或水獭相比。当河马遇到危险时，会钻进水里避难。它们能在水中呆很长时间，而且在水中行走起来如履平地，潜游很长一段路程后再悄悄探出头观察动静。【◎动词："探出"这一朴实的词语很精准地写出了河马在危险面前小心谨慎的样子。】体积巨大的腹部也是它们得以在水中轻松生活的原因之一。

　　河马主要吃甘蔗、水稻、草根等，它们食量很大，每天需要消耗大量的食物，因此对耕地有较大的破坏性。然而它们在陆地上很胆小，再加上腿短跑不快，很容易被人追上。

羊驼

秘鲁盛产羊驼，也是羊驼的故乡。羊驼在秘鲁人的生活中起着十分重要的作用，而且印第安人也把它们当作最宝贵的财富之一。羊驼肉嫩味美，还可以出产上等的羊绒。除此以外，羊驼一生都在为人类运输货物，奉献劳力。一般情况下，羊驼可以驮载75千克重的货物，最强壮的甚至能运载125千克。运载着如此重的货物，它们还能在任何其他动物都无法通行的崎岖山路上长途跋涉，甚至能在陡峭的沟壑和岩石上爬下攀上，只是速度比较慢，每天只能前进16～20千米。他们速度虽慢，但走起来却稳健庄重，能连续四五天保持行走状态，而后只要休息一两天，就又可以上路了。

羊驼生长速度很快，长到3岁时就成熟得可以繁育后代了，到12岁时精力最为充沛，身体也处于最佳状态，就像人进入壮年一样。但一到15岁，身体便完全衰竭了，因此它们的寿命很短。它们天性温和、稳重，和生活在同样气候下的美洲人很像，做事讲究分寸。长途跋涉感到疲倦时，羊驼就会小心翼翼、十分谨慎地弯曲前腿，

【成语：形象的成语描绘出了羊驼驮载着货物时谨慎小心、一点儿不敢疏忽的样子。】跪在地上，然后再完全放低身体，伏在地面上休息，这样缓慢而谨慎的动作不会把货物打翻在地，也不会把货物弄乱。主人的哨声一响起，它们就知道又该出发了，就会再次小心翼翼地站起来继续赶路。在旅途中，遇到青草，它们不会停下脚

步啃食，而是边走边吃。它们在夜晚从不进食，而是反刍白天吃进去的东西，但即使白天没有吃任何东西，它们也不会在夜间补上。每只羊驼负重都不可能超过它们自身的极限，否则重物将会把它们压倒在地，即使人们抽打它们，强迫其站起来，也是不可能的。如果人们持续虐待它们，它们也只能呆在原地一动不动。当它们感到绝望时会撞地而死，以此来反抗主人的暴行。羊驼没有任何自我防卫的武器和特长，它们的蹄子和牙齿都不能起到自我保护的作用。但它们愤怒时就会朝对方吐刺激性很强的唾沫，让人的皮肤上长疮疹，这勉强算作是一种防卫手段吧。

羊驼不够高大，身高大约只有1.3米，即使加上脖子和脑袋，总长也不超过2米。羊驼有一双大而有神的眼睛，长而凸起的鼻吻，厚厚的嘴唇，但上唇是裂开的，像兔子的三瓣嘴；口腔中缺少门牙和大牙，耳朵向前生长，约有13厘米，整个头部看起来很漂亮。【🐘外貌描写：运用了比较、列数字等手法对羊驼的外貌进行了详细的描写，细腻而具体。】羊驼的尾巴又细又直，长27厘米左右，还微微向上翘起。羊驼属于偶蹄动物，不需要钉掌，蹄子叉开，和牛蹄子一样，走路时稳健而不易跌倒。它们的背部、臀部、尾巴上都生有一层厚厚的短毛，但体侧和腹下的毛却很长，整个身体看起来毛茸茸的，【🍂形容词："毛茸茸"，一个很有触感的词语，把羊驼身上厚厚的毛给人的感觉非常形象地表现了出来。】比较可爱。因为浑身的毛又厚又密，所以它们驮载货物时无需加鞍。羊驼的颜色有很大的差别，有的是白色，有的却是黑色，还有混合颜色的。羊驼很容易饲养，无需人类专门喂食种子、燕麦和干草，它们只吃青草就足够了，而且食量很小，就连喝水也很节制。

　　小羊驼和羊驼在外形上很相似，只是体形较小，腿也短得多，鼻吻也没那么长。它们的绒毛呈很浅的干玫瑰色，但头上没有犄角。小羊驼居住在冰雪覆盖的高山上，但这丝毫不影响它们的行走，对它们来说，这反而会带来挑战的兴奋刺激感。小羊驼天生胆怯，一有人出现，它们就会快速跑开。它们成群结队地行动，行走起来步态轻盈矫健。它们的肉和野羊驼的肉比起来，味道稍逊一筹。因此，人们主要利用它们的皮毛。以前，因为小羊驼数量稀少，秘鲁国王曾下令禁止国民猎杀它们。而如今，小羊驼的数量仍在继续减少，这应该引起人们的警醒。

猴子

大自然赋予每种动物以独特的个体特征，以便和其他动物相区别。比如大象、犀牛、河马、老虎、狮子等物种，它们不仅外形独特，就连生存环境也各有特色。一般动物都喜欢群居，从而形成一个庞大的群落。博物学家用一个层次分明的网状图谱为我们介绍各种动物的种属，这让我们可以更容易进一步认清各种动物。在这个图谱中，有些动物是按照脚、牙齿、犄角、鬃毛或其他更小的特征进行分类的。人类在此图谱中拥有很多邻居，比如猩猩。人和猩猩虽然有着本质的差别，但由于人的身高极为普通，和那些大型的动物相比，也缺乏超强的独立性，因此，人在外形上和猩猩很像。如果只看外表，人甚至和猴子相差无几，可能会被当作进化了的猴子。

灵魂、思维、语言是大自然对人的特别恩赐，让人与外形相似的猩猩和猴子从根本上区分开来。猩猩也拥有和人类似的躯干、四肢、感官、大脑和舌头，甚至可以模仿人类的动作，但这些都是无意识的行为，它们也只能被认为是形似而非神似。造成差别的原因，一是它们可能没有像人那样从小接受专业的教育，二是可能在如此不平等的条件下进行比较不够公正。或许应该把森林里的猴子跟同样没有受过教育的野人进行比较，但问题是，什么才算是真正意义上的野人呢？我们想象中的野人总是披头散发，浑身长满毛发；眼睛深陷，眼神粗野，充满兽性；嘴唇厚而前凸；鼻子宽大扁平；皮肤粗糙厚实；指甲长而坚硬，里面藏满污垢；脚趾长而稍有弯曲，脚底生满老茧。【🐾外貌描写：对体表、眼睛、嘴唇、鼻子、脚趾等进行了细致的描写，语言简练，概括力强，给人展现了一个特征具体而形象的想象中的野人。】在性别特征上，雌性野人乳房长而柔软，低垂在胸前；腹部皮肉松垮，一直悬到膝盖；浑身散发着难闻的气味。他们的孩子活泼好动，不停地成群打闹，或者在污泥浊水中嬉戏，而做父母的他们则无动于衷地端坐在地上，【📖成语：短小精悍的成语写出了父母对孩子的行为举止毫不关心，置之不理的麻木神态。】面目狰狞地看着。其实，纯正的原始野人的生存状态要比这糟糕得多。如果在这种野人形象的基础上，再加上人体的结构关系、散发的气质修养，以及公猴对母猴的强烈占有欲，那么我们就会发现，猴子和野人虽不是同一个物种，但已经很难把它们区分开来了。

大自然在创造人类时，不愿多费神把人类塑造得和猴子完全不同，【🔍拟人：把大自然拟人化，赋予大自然以人的感情，生动有趣，想象奇特。】但又不想让自然界的物种失掉自己的鲜明特性，因此，猴子在外形上虽和人类有很多相似之处，但终归是不同的，而且有着本质的差异。造物主对人类过多怜爱，就给人输入了一股"仙气"，让人类拥有了思维和语言。但如果猴子和其他低等动物也获得了这种"仙气"，那么也拥有思维和语言的它们就完全可能成为人类的竞争对手，完全凌驾于其他物种之上。由此可见，语言和思维仍是人类和其他动物的最本质的区别。

一个人聪明也罢，愚笨也好，他们的身体结构不会有丝毫差别。他们同样都拥有语言和思维，唯一的差别就在于愚笨的人的语言和思维能力稍差罢了。既然人与人之间没有根本差异，那么每个人的思想都有理由存在，大自然允许人类思想多样性发展。虽然其他动物没办法拥有像人类这样的思维和语言，但只要让它们接受一段时间的训练，它们也可以变得比原来聪明得多。接受教育的时间越长，聪明程度就可能越高。大象就是一个证明，它们在出生后整整一年的时间里，都需要母象照顾，到完全成熟还需要很长时间，但它们的聪明程度却是其他动物无法比拟的。相反，豚鼠成长和成熟都得很快，从出生到成熟只需要三个月，然而它们却成了最笨的动物之一。

【◎对比：把大象独立所需的时间和豚鼠所需的时间进行比较，突出了接受教育时间越长就越聪明的观点的正确性。】猴子和人类相比，一出生就比人类的婴儿强壮得多，成长也快得多，也不需要像人类那样花费很长的时间去照看它们，因而它们在还没有受到充分教育的时候就已经完全独立了。

因此，猴子不会成为人类的另一个种类，虽然有着和人类极为相似的外形，但它们终归只能是动物。因为猴子也不是动物中最聪明的，所以它们在动物界也不会成为领袖，排在所有动物之首。平常有人认为猴子和人相似主要在于它们擅长模仿人类，做我们人类的所有动作，尤其是公猴子模仿起来最像了。可是事实上，猴子模仿人类不管是被迫的还是主动的，也不管模仿得多么像，它们都属于毫无意识地模仿，而且动作里毫无自己的创造性，况且并不是所有的动作它们都能模仿出来。比如猴子和人都在使用手臂，可是它们丝毫也没意识到人类也在使用手臂。这就如同我们制造了两个完全相同的机器，运动起来也相似，但我们却不能就此认为它们是在互相模仿，因为它们只是无意识、无知觉的机器而已。因此我们可以明白，猴子和人类虽有着相似的身体构造，就如前面提到的两个相同的机器，能做出相同的动作是不足为奇的。但动作相似，甚至是相同并不能证明就是有意模仿。因为要是模仿，首先得有模仿的意识或打算，如果连意识或打算都没在脑子里形成，怎么能去模仿呢？这只能更进一步证明，人类可以模仿猴子，而猴子绝不可能模仿人类。

我们虽然知道了猴子只是一种动物，有着和人相似的外表，但我们仍然很难给猴子做出一个清晰明确的界定。它们也许介于人类和野兽之间，和人有着千丝万缕的联系，【☞成语：用简短的成语形容出人和猴子不仅外表相似，而且相互之间还有着种种密切而复杂的联系。】它们没有其他动物的凶猛野性，但也没有人类的思维和意识。其实总体来说，猴子在基本的天性、繁殖、生长和寿命等方面就和人类完全不同，更不用说内在气质、受教育的必要时间这些后天发展的东西了，甚至在某些方面，它们的能力还不如其他动物呢。

长尾叶猴是猴子大家族中的一种，它们全身覆盖着长毛，那些毛细密、柔软，呈现棕色，身后拖着长长的尾巴，尾巴的长度甚至超过了躯干。这长长的尾巴能很好地发挥保持身体平衡的作用，就如同高空行走的人手中的长竿，特别对那些调皮淘气、到处乱窜的小长尾猴来说，更是如此。它们喜欢采摘树上的野果，也吃树木的嫩芽和花朵。<u>腾空跳跃</u>是它们的拿手好戏，【➊动词："腾空跳跃"这一简单的动词涵盖了猴子擅长的动作，写出猴子的活泼好动，生动准确。】即使从12米的高处往下跳也轻松自如。它们喜欢群居，往往上百只聚集在一起，和睦融洽地在空旷的原野里嬉戏打闹，互相逗乐。

鹰

天上的飞禽、地上的走兽何其多，但总有一些是与众不同的。走兽中的狮子被称为"百兽之王"，飞禽中的鹰则被称为"百禽之首"，这二者的确可以相互媲美，它们都拥有王者的气魄和风度。鹰似乎明白自己的身份和地位，因此它们总是气度非凡，从不和那些跟自己相比力量悬殊的小鸟雀发生冲突，可是它们也绝不容忍贪婪可恶的乌鸦和聒噪的麻雀肆意妄为。它们在忍无可忍时就会行使王者的"生杀大权"，结束乌鸦或麻雀的生命。鹰富有挑战精神，喜欢享受通过自己拼搏而征服猎物的快感。它们宁死不屈，【戶成语：生动的成语体现了鹰宁愿死也不屈服的性格特征，突出了鹰的王者风范。】绝不会被口腹之欲击垮而去吃腐臭的尸体，让高傲的自己沦为可恶、恶心的腐食者。它们生活节制，从不放纵自己吃掉捕获的所有食物；它们还很乐善好施，慷慨大方，把自己的劳动所得分给其他动物享用。作为王者的它们坚决维护自己统治领域内的权利，我们知道同一片森林不会出现两群狮子，同样，也不会看到同一片蓝天被两只鹰统治。但如果自己领域内的食物不够充足的话，它们会用武力将疆域拓展到自己满意的程度。

鹰和狮子的共同点还很多。比如鹰有一双炯炯有神的眼睛，目光敏锐，能从高空轻易发现地面上的猎物，而眼珠的颜色几乎和狮子的一样；它们的爪子前端附有尖长而锋利的弯钩，便于撕裂猎物的皮毛，这一点也和狮子一样；就连呼吸声也与狮子相似，听起来沉重而舒缓。鹰的喙和爪子一样，呈弯钩状，坚硬遒劲，能毫不费力地啄碎猎物的脑壳。【外貌描写：通过对鹰的喙的描写，生动形象地写出了鹰的强劲有力，突出体现了喙是鹰的利器。】它们还拥有肌肉发达、强劲有力的双腿，能把猎物轻松带上高空。在捕猎过程中，鹰的翅膀功不可没，翅膀上的羽毛粗壮坚硬，骨骼结实紧密，整个舒展开来宽大遒劲，让鹰有着闪电般的飞行速度。总之，鹰在天空中飞翔时，雄姿勃发，英勇神武，一派王者风范。由于鹰天性凶猛、桀骜不驯，因此很难被驯化。如果真想驯化它们，就必须从幼鹰着手，而且还要有十足的耐心和高超的技巧，这样才能既让鹰听从人的指挥，又不失去鹰的捕猎技巧。但不管如何驯化，鹰都会随着年龄和力量的增长而逐渐对人产生威胁。据说，东方人曾豢养过猎鹰，但从18世纪开始，猎鹰还是逐渐从驯隼场(驯养猎隼的场所，也驯养捕猎的其他猛禽)消失了。这恐怕就是缘于鹰太难控制，而且成年的鹰立在人的肩膀上太过沉重，实在让人有点儿不堪重负。

鹰不愧为"百禽之首"，它们各方面几乎都是最出色的，连飞行高度也达到了鸟类飞行的极致，因此享有"天禽"的美称。古人把它们视为天神的使者，因此常迷信地根据鹰的飞行状况占卜吉凶。但有一点，鹰的视力虽然敏锐无比，但它们的嗅觉和雕相比却稍逊一筹，这也让视力成了它们捕猎时的重要依靠。很多东西都是有利就有弊，鹰的双腿虽然强健有力，但却有失灵活，容易造成起飞困难，在负重时更是难以在地面上立足。

鹰的矫健雄壮让它们可以轻松抓取鹤这类大型猎物，甚至连羊羔或小山羊都能轻松带上天空。当鹰将猎物带到高空后，会突然松开爪子，让猎物自然坠落。它们或许是想掂量一下猎物的轻重，也或许是认为猎物摔晕后更容易带走。鹰会根据猎物的状况选择立即带走还是当场吃点肉喝点血，再把剩余的带回巢里。鹰的巢穴与众不同，它们的巢没有凹陷，而是一个宽大的平面，因此被称为"地巢"。

　　鹰常选择陡峭而僻静的岩石缝隙筑巢，那里干爽舒适，远离其他动物的干扰。由于鹰本身体重的原因，它们的巢必须坚固耐用，<u>因此它们往往采用一米多长的棍棒交错叠放，建成一个一米多宽的平面，再用柔软的枝条固定住棍棒交接处，最后再在上面铺上一层舒服的灯芯草等植物，</u>【🏠动作描写：通过"叠放"、"固定"、"铺上"等动词具体详细地说明了鹰筑巢的仔细认真，更体现了鹰巢的坚固耐用。】巢上方向前伸出的宽大岩石就是鹰巢天然的遮风挡雨的盖子。这样的巢既能承载鹰及其家人的重量，还能贮存大量食物。鹰通常在巢中间产两三枚卵，经过约三十天的孵化，小鹰就可以破壳而出了。由于有些卵没有经过受精，因此两三枚卵通常只有一两枚能成功孵化。有人认为鹰残忍，会因食物匮乏而杀死体弱多病的小鹰，但这也是保证其他家庭成员食物供应的无奈之举，也是一种自然选择。当雏鹰强壮起来，父母就会把它们赶出家门不准返回，让它们独自觅食，独立生存。

伯劳

美洲伯劳鸟体形小巧，它们一般有着黑色的尾巴和翅膀，白色或带有条纹的腹部，点缀着灰蓝色羽毛的头部和背部；喙尖而弯曲，雄鸟和雌鸟的喙不同，虽都尖而弯曲，而且非常坚硬，但雄鸟的为黑色，雌鸟的则为灰色，这也是区别雌雄的标志之一；伯劳不像百灵和黄莺那样拥有美妙的歌喉，它们叫声嘶哑难听，有的地方的人甚至拿它们来形容说话声音难听的人。

伯劳虽然没有健硕的体形，但它们却有足够的勇气对抗强敌。它们常常成双成对地跟雀鹰（雀鹰属鸟纲，隼形目，鹰科，俗名又叫"黄鹰"、"鹞鹰"、"鹞子"）同在蓝天下翱翔，毫不畏惧。在某些特殊时候，面对其他强大的鸟类，它们还敢于主动发起进攻，当自己的幼鸟受到威胁时更是猛不可当，其胆识和勇气更是让人惊叹，而且结果往往是大胜而归。如果是实力悬殊的对手，又不得不同其展开殊死搏斗时，它们也绝不会显示出胆怯，不战而逃，更不会轻易被敌人掳走，至少也得让敌人付出应有的代价。在有些战斗中，它们不能取胜时就会紧紧抓住敌人，达到和敌人同归于尽的目的。所以，伯劳让最勇敢的鹰也不由得产生敬畏之情，从不敢在它们面前惹是生非，而是选择远离它们。

伯劳是肉食禽类，它们的某些特性甚至让我们不得不把它们归为最残酷、最嗜血成性的猛禽之一。伯劳一般情况下只吃昆虫，但那些毫无反抗力的小鸟、小山鹑或小野兔，掉进陷阱里的坐以待毙的斑鸡、乌鸦等都会成为伯劳的美餐。【🐦成语：用生动的成语形象地写出了掉进陷阱里的斑鸡不积极想办法找出路，无可奈何的样子。】它们锋利的爪子和弯曲的喙是享受美餐时的绝佳工具，可以用来紧紧揪住猎物，防止它们的垂死挣扎；敲碎它们的脑袋，啄食脑浆；拔掉它们的毛，啃食肥美的肌肉。酣畅淋漓地美餐一顿后如果还有剩余就带回去与同伴分享。【🐦动作描写：用"揪住"、"敲碎"、"啄食"、"拔掉"、"啃食"等一系列动词详细具体地描绘出了伯劳享受猎物的整个过程，生动形象，富有动感，细腻真实。】

猫头鹰

鹰在诗人眼中富有霸气，是尊贵的"天王"，而体形稍小的猫头鹰则是高贵的"天后"。的确，不细心观察实在看不出二者有多大的差别。它们身形相似，都强健有力，但细细比较起来会发现，猫头鹰体形比鹰小，身体比例也不同。猫头鹰的翅膀伸展开来只有一米多长，远没有鹰的翅膀宽大；猫头鹰的腿比较细短，躯干和尾巴也没法和鹰比；但猫头鹰的头要比鹰的大许多。

头部恐怕是猫头鹰最具特色的地方了，也是和鹰加以区分的最明显的差异。<u>猫头鹰的整个头部可以用"大"来形容，硕大的头颅，宽大的脸庞，眼睛又大又亮，瞳孔也大大黑黑的，连耳洞都又深又大。</u>【外貌描写：**整齐的语句形象地突出了猫头鹰头部的最大特点"大"，语言简练朴实。**】长长的耳朵附在头顶上，当羽毛竖起时，耳朵能长达六七厘米；黑色的嘴巴弯弯的向前突出；脖子比较粗短，和身体几乎没有明显的界限；黑色的爪子带有弯钩，显得强劲而锋利；附着在眼睛周围的羽毛呈现橘黄的颜色。它们的面部从生着浅色的绒毛和白色的不规则短毛，<u>卷曲较短的羽毛则镶嵌在脸的四周，好像是给脸画了一个边界线。</u>【比喻：**用边界线比喻猫头鹰脸上的一圈短毛，很形象生动。**】猫头鹰从整体上看，羽毛为褐色，只是背部点缀着黑色或黄色的斑点；腹部和身体比起来，颜色较浅，呈现黄色，也带有一些黑点儿，还有褐色条纹。它们爪子上也生有羽毛，从爪子上部一直延伸到趾甲，而且这些羽毛为橙红色，厚实而紧密。猫头鹰一般只有在夜晚才发出叫声，声音尖厉刺耳，在漆黑寂静的夜晚听起来更是阴森恐怖，常常划破夜空，在寂静的夜里久久不散，连熟睡的鸟雀都能惊醒。

山上的岩洞，或被遗弃的塔楼，都是猫头鹰的居住地点，平原地区很少有它们的身影，它们一般也不选择大树筑巢。很多东西都可以成为它们的食物，比如蝙蝠、蛇、蜥蜴、蛤蟆等，并且它们用这些食物喂养雏鸟。但实际上，它们仍然主要吃野兔、家兔和各种鼠类。猎物一旦被它们捕获，就面临被生吞的命运，【◎动词："生吞"一词简洁明了地写出了猫头鹰吃掉猎物的特点，贴切的用词让人产生一种恐惧心理。】它们将猎物咀嚼完后，再吐出皮毛和骨头。猫头鹰总是不知疲倦地四处奔波。它们似乎总处于捕食状态，夜晚，其他动物休息时，它们正忙个不停，到处觅食。它们的巢穴总被食物占得满满的。

鸽子

像鸡、火鸡、孔雀等身体笨重的禽类，不擅飞行，都比较容易驯化，相反，身体轻盈、飞行敏捷的鸟类似乎知道自己的优势，所以很难驯化。一般情况下，人们只要建造一个简单的茅草棚舍就可以来圈养其他家禽了，可是要打算让鸽子定居，就要做不少准备。必须精心为它们建造专门的鸽楼，里面要分割成许多可供栖居的格子，而不能马马虎虎的像对待其他家禽那样，<u>敷衍了事</u>，【成语：指办事马马虎虎，只求应付过去就算完事。文中强调的是喂养鸽子要精心照料，不能马虎了事。】就连鸽楼外墙都必须用泥浆涂抹光滑。

鸽子虽小，但驯化它们的难度还甚于对狗或马的驯化，它们也不能像鸡那样完全失去自由，像囚徒似的被迫呆在一个狭小的空间里。除非当鸽子自愿被人饲养，人们才有机会为它们提供食物和住所，而且只有当人们提供的食物足够丰富、住所足够舒适，各种条件都让鸽子满意时，它们才乐于接受人类的馈赠。平时只要人们有一点儿做得不够好，让它们感到丝毫不适，心头不顺的话，它们就会毅然离开。有时人们虽为它们准备了清洁干爽的鸽笼，但它们还是更愿意住在旧城墙的土洞里，或者松软的树洞里，也许那里更让它们有归属感。毕竟，不论人提供的住所多么干净舒爽，住在里面总有囚徒之嫌。因此也就有一些鸽子决意和人保持距离，无论如何都不会住在人们为它们准备的鸽楼里，即使用美食诱惑，它们也毫不动心。但也有完全相反的情况，有一些鸽子不愿飞向广阔的蓝天，充分享受自由，它们似乎对外界有恐惧心理，不愿抛头露面，【户成语：形象的成语生动地写出了有的鸽子不愿公开露面，只喜欢过靠人提供吃住的鸽笼生活，用词简练又具有拟人色彩。】就只是寸步不离地呆在鸽舍里，即使是饮食，也需要人们给送到嘴边。

鸽子，不论是否被驯化，它们本身都具有一些共同的优点：天生喜欢群居，同伴之间彼此依恋照顾，性情温和可人，渴望被人爱怜，能忠诚地对待同伴或主人，很爱干净，总把自己梳理得顺滑光泽。鸽子夫妻之间相亲相爱，互相体谅，从不争吵或乱发脾气，不论它们在一起多久，对伴侣的热情和爱恋都会一如既往，不减当初。【Q拟人：用生动形象的拟人手法描绘出了雌雄鸽子之间的融洽和睦的生活状态，语言俏皮有趣。】它们可谓真正做到了有福同享有难同当，不论对子女还是对家庭，它们都共同承担所有的事情。即使是孵卵这样似乎应该由雌鸽承担的责任，雄鸽甚至也会帮忙，它们轮流孵蛋、哺育幼鸟。这样就大大减轻了雌鸽肩负的责任。它们之间之所以能够长久地维持幸福生活，归根到底可能在于它们能真正平等对待彼此，真心关爱，互相谅解，这一点足以让人们反思自己的生活。

麻雀

麻雀同老鼠一样，总喜欢人居住的地方，甚至对人有很深的依恋之情。在荒无人烟的山林或人迹罕至的山谷几乎看不到麻雀的身影，它们总是选择人多的地方居住，因此，城市的麻雀比乡村多也就不足为奇了。人们肯定明白，麻雀之所以离不开人，是因为它们那好吃懒做的天性，【成语：用短小精悍的成语生动地表现出了麻雀贪于吃喝、懒于做事的恶劣生活习性。】而且又贪婪嘴馋，没有人类的施舍它们难以生存。

为了满足口腹之欲，人们在粮仓和谷仓、鸡食盒和鸽笼里都经常能看到它们埋头大吃、不顾一切的贪婪样子。它们经常扮演小偷的角色，而且它们数量众多，做起蠢事来，破坏力也不小。它们的羽毛几乎没有任何用处，叫声也不悦耳，对人类来说，它们算是一无是处。【成语：精简的词语说明了麻雀缺点太多，几乎没有一点儿对的或好的地方。】麻雀的数量众多，贪婪成性，还不是让人们最讨厌的地方，最多也只是无可奈何。然而它们却很狡猾，诡计多端，也不惧怕人类，能轻易逃脱人们设置的圈套，甚至还对捕捉它们的人产生厌恶之情。麻雀还很有韧性和耐心，不管人类用什么方法都很难把它们从住处驱赶出去。

麻雀一般选择屋檐、墙洞栖居，有的也愿住进人们提供的鸟笼里。有些稍微勤快的麻雀可能会在树顶亲自筑巢，而且会把窝收拾得干爽舒适，里面铺着柔软的羽毛。如果再用些心思，它们还会给巢加一个防雨的盖子。一旦它们的窝被毁了，它们就会发挥超高的工作效率，当天就重建一个新家，而且同样结实舒适。它们一般每次产五六枚卵，如果连它们的卵也被毁了，8～10天内它们能再产一窝卵。然而也有些<u>又懒又霸道</u>的麻雀动用武力侵占别人的家园，【严形容词：用非常形象的词语"又懒又霸道"充分体现了麻雀身上的特别明显的恶习，让人产生强烈的厌恶之感。】它们蛮横地赶走白尾燕，有时还袭击鸽子，占领鸽舍。

麻雀的贪吃让它们对食物的需求量很大。饲养麻雀的人说，一对成年麻雀每年能吃掉10千克谷物。可见麻雀虽小，食量却大得惊人。事实上，麻雀也会捕食大量昆虫，而且哺育雏鸟也用昆虫，但它们的主食仍然是谷子。每当播种、收割或储存谷物的时节到来，人们总能看到成群的麻雀被吸引而来，甚至农妇喂食家禽时，它们也会飞来等待时机，准备随时饱餐一顿。最让人讨厌的是，它们竟然还敢从幼鸽嘴里夺食，嚣张的气焰无以复加。此外，它们往往黑白不分，常吃掉蜜蜂等对人类有益的昆虫。

麻雀不光懒惰、贪吃，而且性情变化不定。它们习惯于过群体生活，但却没有集体意识，既不服从集体，也不完全独立，只会一切围绕着自己的利益出发，从自然中索取一切对它们有利的东西，而且是只索取不奉献。

金丝雀

金丝雀和夜莺都拥有美妙动听的声音，而夜莺的歌喉是大自然赐予的，属于林中天才歌手，金丝雀则是后天受艺术熏陶的室内音乐家。金丝雀本来的歌喉强度不大，声音不能远播，音调也不婉转，但它们凭借灵敏的听觉、超群的模仿力、罕见的记忆力以及在聆听时候的专注力，让自己的歌喉得到发展，大放异彩。它们可塑性强，易于模仿一些简单的声音，而且它们温和的性情、亲切可人的样子更容易被人类所喜爱。有时它们也会流露出毫无恶意的"抱怨"，但这种没有伤害性的表现丝毫不会减少人类对它们的宠溺之心。【❀动词："宠溺"一词生动地写出了人们对金丝雀的溺爱，突出了它在人们心中的受宠地位。】

金丝雀和夜莺的另一个不同之处是饮食，金丝雀只要有谷子就能生活，夜莺几乎不吃谷子，它们捕食昆虫或吃加工好的肉食。金丝雀性情温和，很容易驯养，而且驯养的过程也充满了乐趣。金丝雀很聪明，驯养过程中，也总是积极配合人类的安排，因此在很短的时间里就进步神速，能模仿人类的各种乐器。金丝雀的可爱之处还在于它的奉献远远多于获得，人类在它们身上的付出根本无法和它带给人类的快乐相比。夜莺可不会像金丝雀那样配合人类，它们对人类的安排不理不睬，似乎对自己的歌喉充满了自信，不愿接受人类的训练加以改进，就这样让歌声保持着纯自然状态。

金丝雀是一位优秀的歌唱家，也是人类的亲密知己。<u>它们身着漂亮的羽衣，吟唱着婉转悠扬的歌曲，如同一个翩然而至的仙子。</u>【◎比喻：把金丝雀比作仙子，写出了金丝雀外貌的美丽与歌声的美妙，生动形象，而且富有想象力。】如果说秃鹫代表了作恶多端的邪恶势力，那么金丝雀则是奉献爱心、慷慨助人的慈善家的楷模。

莺

寒冷的冬天，大自然中的一切都失去了生机，似乎陷入了昏昏沉睡中，甚至还透着死亡的气息。平时欢唱不止的昆虫早已偃旗息鼓，时常四处捕食的爬行类动物也已按兵不动，偶尔欢腾跃出水面的水族生物也被冰封水底，大部分飞禽走兽都闭关休养生息了，各种植物也失去了往日翠绿年轻的容颜。【✿排比：通过对昆虫、爬行动物、水族生物、飞禽走兽等的描写，用排比的手法生动形象地描绘了寒冷冬天里万物萧条，毫无生机的景象。】所有生命都沉浸在悄无声息之中，展现在人们眼前的是一片了无生机的苍茫而凄清的景象。终于，经过漫长的等待，小草先探出脑袋感受一下初春的气息，闻讯赶来的小鸟用清脆的歌声唤醒了还在睡梦中的大自然。大地开始披上绿装，树木开始装扮枝头，准备一场和风中的盛装舞会，用盛大的场面迎接生命的回归。【✿拟人：把大地和树木都赋予了人的动作和心理，生动形象，富有生命活力。】

绿色流淌的森林中，纯情歌手——莺群集现场，准备随时演出。它们身手敏捷、动作轻盈、歌喉婉转，每一个舞姿都充满着按捺不住的喜悦之情，每一段歌声都透露着毫不掩饰的欢乐。一切树木开始用嫩芽点缀枝头、把绿叶伸展成衣服、用花蕾镶嵌花边时，这些美丽可人的鸟就来到了人们身边，有的会到人们的花园里逛逛，有的到林阴路上一展歌喉，有的到大森林里聚会，还有一些到芦苇丛中捉迷藏。大地上的每一个角落似乎都有它们俏丽的身影，四处也荡漾着它们清脆悦耳的歌声。

大自然似乎是公平的，并没有让莺把所有优点齐聚一身，它只给予莺温顺可人的内在品性，而没有让莺穿上华丽的衣服。莺的羽毛大多是暗淡的灰白色或褐色，无光，只有两三种莺的羽毛带一点点不怎么起眼的小亮点，稍作装饰。也许大自然正是以此来提醒人们：外表并不重要，别让华丽的外表蒙蔽了双眼。

莺喜欢追随一切富有生机的东西，它们建巢有时选择蝶飞蜂舞的花园，有时选择绿意盎然的树丛，有时选择整齐翠绿的菜地，有时也选择蜿蜒攀爬的豆藤的支架。【排比：用排比的手法生动而文采飞扬地描绘了莺的几种建巢地点，富有诗情画意。】它们在那里快乐地玩耍、栖居。收获季节的来临预示着它们该为迁徙做准备了。

莺之间相互追逐玩耍很富有情趣。它们的打闹犹如天真无邪的孩子们在互相生气斗嘴，一转眼又哈哈笑了，最后都是以友好的歌唱来收尾。【比喻：把莺比作爱生气斗嘴的孩子，使莺之间的打闹形象化、生动化了，而且充满情趣。】然而，它们不像斑鸠那样对爱情忠贞不二，甚至被人们看作爱情的象征，莺则相反，它们有喜新厌旧的倾向，当然，它们也并不全都如此，仍有一部分对伴侣相当忠诚。比如，雄鸟会在雌鸟孵蛋期间尽显大丈夫形象，精心呵护、照料雌鸟，让雌鸟尽享爱情的温馨；然后它们又摆出一副完全负责的父亲形象，和雌鸟共同承担照料幼鸟的重担；即使小宝宝长大了，它们夫妻也不会分离，仍甜蜜地生活在一起。

莺天性怯懦，甚至连和它们一样弱小的鸟类也会让它们惊慌失措。其中，伯劳是它们最危险的敌人，一旦有伯劳出现在它们周围，它们就立即停止歌唱，四处逃窜。它们又仿佛是个乐天派，即使危险刚过，它们恐惧的心情还没完全平复就又开始活跃起来了。它们平时藏身在茂密的林间，躲在幕后歌唱，或者在灌木丛里一闪而过，甚至让人还来不及辨清就已消失在丛林深处了。炎热的中午，它们更是藏得不见踪影，也许栖身密林享受清凉呢。每天清晨，它们会在树枝上跳跃着采饮露珠。夏天一场大雨过后，它们会兴奋地借助树枝上残留的雨水来沐浴，样子可爱有趣极了。【🏠动作描写："跳跃"、"采饮"、"沐浴"等词语表现了莺活泼可爱的形象，生动而有趣。】

　　莺都是歌声动听迷人歌手，其中黑头莺手更是强中更有强中手，不论在音调、音质方面，还是在持续的时间上，它们都是最出色的。春天，黑头莺的纯美嗓音会在其他鸟都停止歌唱时继续回荡在森林里，那婉转而富有变化的曲调总能让人沉醉其中。也许因为它们天性纯真，也许因为它们的歌声总是传达快乐，所以它们的歌声似乎总带着清新静谧的韵味，让人更容易陷入其中，产生迷恋之情。

红喉雀

红喉雀体态轻盈，喜欢呆在阴凉潮湿的地方。大地恢复生机的春天，它们总是敏捷地蹦来跳去，捕食蚯蚓或小昆虫。有时它们会在空中来一段旋转舞，绕着一片树叶上下翻飞，如一只炫耀舞技的绚丽蝴蝶。【比喻：把红喉雀比作蝴蝶，写出了它们舞技的高超精妙，生动而贴切，富有美感。】如果继续观察就会发现，原来它们是在捕捉随叶飞旋的苍蝇。有时候它们落在地面上，迈着轻盈敏捷的碎步追赶猎物。秋天，到处果实累累，连空气中都弥漫着诱人的果香，这个季节对它们来说，可真是奢侈极了。它们一会儿采食荆棘丛中的果子，一会儿到葡萄园中尝个新鲜，一会儿又飞回树林吃个酸浆果换个口味。【排比：用富有气势的排比把红喉雀采食各种果子的活泼形象充分体现了出来。】但当它们陶醉于这些美味时，会不小心掉进人类设置的陷阱里。因为猎人都太了解红喉雀喜欢野果这个特点，于是就以野果为诱饵，设置陷阱诱捕它们。红喉雀很爱干净，常到水边沐浴梳理，顺便喝点水解解渴，秋天更是如此，主要是因为秋天丰盛的果实把它们养得太肥壮了，更需要多饮水来解腻消渴。

红喉雀还很勤快，它们比任何一种鸟都起得早，睡得晚。在夜深人静的时候，它们还在不停地飞来飞去，有时还顺便唱支歌。人们也利用它们夜间到处飞的特点，捕捉它们。红喉雀天生像个单纯的孩子，对一切都充满好奇心，总想探个究竟。【★比喻：用充满好奇心的孩子比喻红喉雀，将红喉雀活泼可爱的样子尽现眼前。】它们又比较笨，即使是陷阱，它们也会探头看看，甚至在陷阱附近飞来飞去，结果总是落入圈套，因此，它们是人们最容易猎捕的鸟。它们特别容易相信别人，只要猎人发出鸟叫，或晃动树枝，弄出点声响，它们就会被吸引而来，钻进捕鸟网，成了笼中鸟。它们天生胆小怯懦，猫头鹰的叫声或仅仅是人类模仿的猫头鹰的叫声都能把它们惊吓得四处乱飞。

　　红喉雀的出现总是先闻其声再见其形，它们的声音穿透力极强，但不够婉转悠扬，每天只是单调地叫着，表达着心中的每一种好奇和喜悦。当红喉雀掉入陷阱后，为了同伴的安全，它们会立即发出异样的鸣叫以示警告，让其他同伴远离危险。可以说，好奇心是红喉雀最致命的弱点，太过强烈的好奇心总让它们付出生命的代价。猎人们也总是利用这一点在小树林边的空地上放置粘鸟板或在竹竿上装圈鸟套，或者用更容易的工具——捕鸟夹，都能轻易地捉到它们。这么多方法中，圈鸟套和捕鸟夹最受猎人的青睐。

南美鹤

美鹤是群居动物，喜欢成群结队地生活在南美地区的热带森林中，或者密林覆盖的山区和地势较高的地带。它们虽然有翅膀却不擅长飞翔，但它们跑起来速度很快，这弥补了它们不善于飞的缺点。不过它们也偶尔飞离地面，到低矮的树枝上休息。它们飞起来也只离地面一两米，而且显得很笨拙，可它们一旦奔跑起来就完全变了样，轻快敏捷，速度极快。

它们主要在树林中寻觅野果充饥，当有人经过时，它们便惊慌失措地发出火鸡般的叫声，飞速逃走。鸣鹤是南美鹤的一种，它们体形较大，也是奔跑高手，不擅长飞行，小鱼虾和植物的嫩芽是它们最喜爱的食物。鸣鹤的幼鸟出生没几天就可以到浅水滩边或河中觅食了，当然，它们还需要妈妈带领一段时间才能独自生活。

南美鹤筑巢无需树枝、草根这些材料，而是在大树下挖坑，以坑为家，并在那里产卵育雏。南美鹤每次产卵可达10～16枚。虽然筑巢方式和其他鸟很不同，但它们的产卵数量跟雌鸟的年龄有很大关系，这一点和其他鸟类似。南美鹤的卵为淡绿色，比鸡蛋稍大，更圆，呈圆球形。刚出生的幼鸟身上覆盖着一层细绒毛，浓密、柔软，看起来像个毛绒球。【🏠外貌描写：通过视觉和触觉的感受形象地描绘了幼鸟的可爱样子。】这种绒毛要一直保留到南美鹤成年时长出大的羽毛来。

　　南美鹤虽然在天性上从不愿靠近人类居住区，但却很容易饲养，很懂得亲近主人，它们和狗一样，对主人忠心耿耿。【◎成语：拟人化的成语非常贴切地形容出了南美鹤对主人的忠诚，让人心生爱怜。】它们喜欢主人。它们对主人的表示亲昵和爱戴之情时，就在主人身边跑来跑去，逢迎谄媚，大献殷勤。它们如果讨厌某种动物，也毫不掩饰，而且会发起攻击，用嘴把对方啄走。然而让它们如此大动肝火，发起攻击的原因可能只是对方太丑或气味难闻，影响它们的心情了。可是对于主人，南美鹤却非常听话、乖巧，只要主人不讨厌某个人，它们也就乐意呆在这个人身边，不管对方是否熟悉。南美鹤很喜欢人们温柔地爱抚它们时带来的那种舒服惬意的感觉，尤其喜欢人轻轻挠它们的头部和颈部，就像一个懒洋洋的孩子躺在大人怀里享受母亲爱抚般陶醉。它们也会像孩子一样，一旦被这些亲昵的爱抚宠惯了，它们就变得很淘气，总是撒娇般缠着主人再三满足自己的要求。它们的嫉妒心也很强，决不允许有人分享主人的爱抚。它们一直被骄纵着，<u>因此有时会变得胆大包天，吃饭不等主人召唤就冲进来，而且理直气壮地把猫、狗都赶出去，似乎只有它才有资格和主人一起吃饭似的</u>。【◎成语："胆大包天"、"理直气壮"等成语的使用让南美鹤骄纵的神态细腻传神地跃然纸上。】它们的骄横往往让狗也得对它们礼让三分。

　　有时，南美鹤会和狗发生矛盾，彼此间打斗不已，而且这种搏斗要持续很长时间才能分出胜负。南美鹤很机敏，也很狡猾，它们往往利用自己的优势，先跳到空中，躲过狗尖牙利齿的撕咬，然后落到狗的背上，它们对狗绝不心慈手软，想方设法地要啄瞎狗的眼睛。即使获胜了，它们也不会善罢甘休，仍使劲追赶狗，直到把狗赶出很远才停止。对主人一向温顺的它们在打斗中表现得非常凶狠霸道，如果主人不把它们分开，打斗会一直持续，南美鹤最终很可能将狗置于死地。除了和其他动物的交往不同外，在和人的关系上，南美鹤和狗有着完全相同的本能，所以有人建议应该训练南美鹤去牧羊。

蜂鸟

蜂鸟拥有优美的体态，艳丽的色彩，这是其他所有动物都无法比拟的。它们的羽毛闪耀着<u>莹莹绿色</u>、<u>闪闪红色</u>和<u>金灿灿的</u>黄色，【形容词：表现色彩的叠词连续使用，使蜂鸟的羽毛更显炫丽，描写细腻而充满变化。】它们很在意自己的华丽衣裳，从不让它沾染上任何灰尘。它们整日在空中飞翔，像是要让全世界都知道它们的美。它们不愧为大自然的杰作，任何精雕细琢的精品也无法同它们相媲美。蜂鸟轻盈、迅疾、敏捷、优雅，经常在花朵间穿梭，以香甜的花蜜为食，生活在娇艳清香的花儿的国度里。

蜂鸟有很多种类，大多生活在美洲最炎热的地区，不过也只限于两条回归线之间。夏季里，有些蜂鸟也会把活动范围扩展到温带，在那儿稍作停留。它们向往光和热，是太阳的追随者，总是乘风的翅膀在春天里自由翱翔。

由于蜂鸟羽毛的颜色像火红的焰火，印第安人给它们起了一个很好听的名字叫"太阳之光"，西班牙人又根据它们小巧得仅重2克的身体把它们叫作"米粒鸟"。尼伦堡曾经说过，蜂鸟就算和它们的巢一起称量也不会超过2克。最小的蜂鸟体积还比不上牛虻，粗细也比不上熊蜂。它的嘴像一根纤细的绣花针，由一对凹槽构成的管状舌头则像一根丝线，眼睛像两粒闪闪发光的宝石。它们的翅膀覆盖着细小而透明的羽毛，让人似乎能看到羽毛下的皮肤，双足细小到不容易让人发现。可能正是因为双足纤小细嫩，蜂鸟很少用足，总在不停地飞翔，只在夜晚休息时才停下来。蜂鸟的双翅拍击频率之高，人的肉眼都难以辨清，使它们看起来像是静止于空中似的。它们小小的身体里似乎蕴藏着无穷的力量，让它们能够持续不歇地飞翔，而且速度惊人，人们甚至可以听到速度过快产生的嗡嗡声。【拟声词："嗡嗡"之声形容得真实贴切，准确地写出了速度极快产生的声音。】

蜂鸟以它那顶端分叉、形似吸管的舌头吸食花蜜为生，有时也吃花上的小昆虫。它们总是在一朵花儿前一动不动地停留片刻，然后又转飞到另一朵花儿上。蜂鸟似乎缺乏耐性，从不在一朵花儿前停留太久，即使花蜜还足够多，它也不会再次光顾这些曾经采食过的花朵。它们纵情飞翔，惬意无忧地享受自由，肆意无拘地嬉戏逗乐。【动作描写："享受"、"嬉戏逗乐"等动词让蜂鸟的飞翔充满了乐趣，语言生动，活泼有趣。】

蜂鸟虽小，但却拥有超凡的胆量和勇气。当它们被激怒时，会奋力地追逐对手，即使对手是比自己大20倍的鸟。在此期间，蜂鸟的小反而成了优势，它们附着在敌人身上，让敌人驮着自己，然后用尖细的嘴不停地啄敌人，直到怒火发泄完毕。【动作描写："附着"、"啄"、"发泄"等动词充分展现了小小蜂鸟的充满生机的动感，描写得传神而有趣。】蜂鸟体形虽小，脾气可不小，有时，连蜂鸟之间也会斗争不断。它们还天性急躁，即使是发现自己选择的花朵无蜜可采，它们也会大发雷霆，【成语：精简的成语生动地写出了蜂鸟虽小，但竟然对小事大发脾气的情形，想象丰富。】这朵花也会遭到它们的破坏。蜂鸟只会重复同一种低微而急

促的鸣叫，缺少变化。在清晨的树林中，人们经常可以听到这种并不悦耳的鸣叫。只要太阳一露脸，它们便受到阳光的召唤，快意地飞散到旷野里了。

蜂鸟总是独来独往，显得非常落寞孤独，只有在它们筑巢时，人们才会看到它们成双成对地出入。它们的巢跟它们纤细的身体相匹配，只有一半杏子那么大，呈半圆形，非常精美细致，连材料的运用也很讲究，主要是花上的细绒毛或小毛絮。巢的内壁又软又厚，而且十分结实。筑巢时蜂鸟各司其职，充分发挥各自的特长，力大的雄鸟寻找并衔运材料，手巧的雌鸟穿针引线，进行编织。蜂鸟天生就是一种认真、讲究的动物吧，筑巢时，它们要一根一根地挑选好的材料，把自己全身心的爱和精力都投入进去，以期待为子女创造一个温馨舒适的摇篮。完工后，为了使巢更漂亮美观，它们还要用脖颈和尾巴把巢的边缘打磨光滑；为了使巢更坚固，还要在外面蒙上很多小块的胶质树皮，并紧紧地粘起来，这样就不怕风吹雨淋了。

橘子树、柠檬树的两片叶子或一根小树枝经常是蜂鸟建巢的上好选择，当然，它们有时也选择屋檐下垂的茅草。它们在温暖的巢里产卵，通常有两三，枚像白色的豌豆一样大小。蜂鸟夫妇轮流孵蛋。经过12天的等待，小蜂鸟就破壳而出了。刚出生的幼雏更是小巧玲珑，像一只小小的苍蝇。迪泰特尔说："我一直试图看清蜂鸟用什么来喂幼鸟，但从未得到答案，只注意到它们把舌头伸给幼鸟，让它们不断舔食上面沾满的花蜜。"

人工饲养蜂鸟，几乎是不可能的。也有人曾经试图饲养，用果汁作为食物，可是几个星期后，蜂鸟还是死了。清淡的果汁根本无法和花朵里的汁液相比，或许蜂蜜会更适合喂养它们。

蜂鸟对外界缺乏足够的警戒心，人们走到离它们几步远的地方都不会引起它们的注意。因此，捕捉它们不难，只要用通常的沙子或小石子击打它们就可以了。此外，还有一个更好的办法：一根涂满胶水的小木棍就足以了。只要我们静静守候在花丛中，等蜂鸟靠近时用木棍就能将它们轻轻粘住。蜂鸟一旦被捕获，不久就会死掉。印第安女人经常把它们做成耳坠来装饰自己。秘鲁人则会巧妙地用蜂鸟的纤细而炫丽的羽毛组成图画，亲眼见过这种画的人总是对这些画的精美绝伦和<u>巧夺天工</u>赞叹不已。【✍成语：简练的成语贴切地形容出了秘鲁人手工的精巧胜过天然。】

蜂鸟种类繁多，和它们长相相似的蜂雀就是其中之一，也是它们的近亲，和它们生活在同样的环境里。蜂雀和蜂鸟不仅外貌相似，都羽毛光彩夺目、体形小巧玲珑，而且饮食也一样，以花蜜为主食。蜂鸟很多特性都能在蜂雀身上同样再现：美丽小巧、活泼善飞、速度惊人、采花饮蜜、脾气暴躁。二者太过相似，以至于人们常将它们混淆。其实只要细心观察，区别还是比较明显的：蜂雀的喙除了细长之外，喙尖还稍稍凸起，整体上是弯曲的，而蜂鸟的喙是直的；蜂雀的身体比蜂鸟的稍长，但粗细相近。不过，自然界中还存在着一些比蜂鸟还要小的蜂雀。

翠鸟

翠鸟是人类所见到的最美丽的鸟类之一。在欧洲，翠鸟炫丽、秀美、闪耀着色泽，没有什么鸟可以和它们相媲美。<u>它们的羽毛拥有彩虹般细腻变幻的色调，有珐琅的亮丽闪烁的光泽，又有丝绸一样的柔亮光滑的质感。</u>【✿排比：运用排比的手法生动形象地写出了翠鸟羽毛色泽的美丽与质感。】从翠鸟的名字就能得知，它们的羽毛大部分应为翠色或蓝绿的色调。翠鸟的后背中部和尾巴上有大片蓝宝石或绿松石的色泽，在阳光下，闪烁着幽幽蓝光；它们的翅膀被装扮得蓝绿相间，并且几乎每根翎羽上都点缀着海蓝色的斑点，就如蓝色丝绸上衬着的花纹；它们的头部和脖子上端则镶嵌着蔚蓝色的羽毛，像是戴着蓝色头饰和项圈，上面点缀着的浅蓝色斑更是把翠鸟衬托得熠熠生辉；<u>只有它们胸前的羽毛是泛着微黄的红色，闪闪跳动的光泽就如一团燃烧的火焰。</u>【✿比喻：用火焰形象地比喻翠鸟红羽毛的艳丽，贴切而且富有动感。】

在大自然里，太阳不仅赐予万物以生命，还赋予生命靓丽鲜艳的颜色。在翠鸟生活的地带里，一切生命都在阳光下蒙上了一层纯净而鲜亮的色彩。翠鸟更是没有被遗忘，而且它们从太阳那里获得了其他任何生灵都无法比拟的美丽的羽衣。欧洲只生活着一种翠鸟，而其他地区却有很多，亚洲和非洲多达二十余种，甚至美洲炎热地带也至少有8种。因此，我们是否可以猜测，翠鸟，包括在欧洲生活着的翠鸟，它们本是同宗，就原产于亚洲或非洲。不过从整体上说，翠鸟的原属地应该是东方和南方(以欧洲为参照点的东方和南方)，这应该是事实。

最早的时候，翠鸟的活动范围仅限于炎热地区，而现在，随着气候的不断变化，它们已经逐渐适应了低温，有的甚至还超乎寻常地适应了欧洲的天寒地冻。这样，我们就是在寒风肆虐的冬季也能欣赏到它们美丽的身影。在这样寒冷的季节里，它们仍会到溪边捕鱼。正是这样的特点，让德国人称它们为"冰鸟"。而法国博物学家贝隆曾错误地把翠鸟当作候鸟来研究，并偏执地认为法国一带地区是它们迁徙的必经之路。然而事实上，即使天气转冷，霜色满地，翠鸟依然住在那里。

似乎是为了庆祝春天的到来，在这个季节，翠鸟也发出了与以往不同的音调，仿佛是选择了一首和春天相匹配的歌曲一样，它们的声音更加清脆悦耳。即使它们立于水边，那脆生生的鸣叫仍然能穿过哗哗的流水声和轰隆的瀑布声，辗转钻入我们的耳朵。<u>淙淙流淌的小溪是它们最爱去的地方，</u>【拟声词："淙淙"一词既准确形容出了流水的声音，也给人以水很干净的印象。】这里有它们喜欢的美食，水中的游鱼常常把它们诱惑得垂涎欲滴。翠鸟也极富耐性，为了捕鱼，它们能一连两个多小时纹丝不动，如雕塑般立于河面的树枝上，或者靠近河的岩石、沙砾上，耐心地等待时机。它们目光敏锐，动作迅捷，一有鱼进入它们的视线，它们就像一道彩色的闪电般<u>划开</u>水面，【动词："划开"一词准确、贴切地体现了速度之快，而且充满力度，动感十足。】钻进水里，一瞬间就带着猎物钻出水来，到岸上尽情享用去了。

翠鸟经常会展示它们的飞行天赋，常常在正快速、自由地飞翔间就毫无征兆地突然停住，一动不动地浮在空中好几秒，转换之快让人惊叹，这种技巧似乎在冬天更多见。当河水上涨、肆意汹涌或水面结冰，没办法捕鱼时，翠鸟会暂时离开河边寻找其他休息之所。它们休息时也比较特别，往往停留在五六米的高空，如果呆腻了想换地方，就突然降低高度，有时甚至在离水面不到30厘米的地方停住。就这样忽上忽下，【○动词："忽上忽下"准确传神地写出了翠鸟动作的敏捷与轻盈。】直到再次觅食才停止这种表演。它们总是到低处觅食，寻找可供食用的小鱼或昆虫，但这样的季节往往会让它们一无所获，失望而归。

　　翠鸟的居住地一般选在小河或小溪边，实际上它们并不筑巢，而是利用水鼠或蟹的洞作为自己的巢穴。虽是不筑巢，但它们却要对选择的洞穴好好进行一番修饰。首先要更宽敞，它们就把洞挖得更深；其次要更隐蔽，它们就把入口修得更窄。翠鸟食鱼的天性使得它们的巢穴里常有小鱼刺，修巢的泥土上还粘着鱼鳞，这让它们的巢看上去和其他鸟类的巢相去甚远。不过，有一点能证明这的确是翠鸟的巢，因为那里面有翠鸟产下的蛋。

鹦鹉

很多动物都和人类建立了亲密的关系，关系的亲密程度取决于这些动物给人类带来利益的大小。狗能看家护院，给人猎取野味；马能载人旅行，驮载重物；象也能驮人运物……因此它们都和人类建立了良好的关系。

然而，鹦鹉是个例外，它们没有给人带来利益，只是凭借模仿人的语言就获得了和人更亲密的关系，更讨人的欢心。它们靠这种特殊方式给人带来欢乐，赶走忧愁。孤单寂寞时，它们是让人类感到温暖的伙伴和朋友；无聊郁闷时，它们则是让人类感到安慰，可以促膝长谈的知己。【⚲比喻：把鹦鹉比作朋友、知己，贴切生动，充分体现了鹦鹉给人带来的安慰和快乐。】它们的语调时而欢快，时而凝重，就像一个感情丰富的演说家，偶尔冒出的驴唇不对马嘴的话语，更让人忍俊不禁，哪怕你正愁苦不已，也会顿时心情舒畅起来。虽然它们的语言行为只是无意识的模仿，没有什么思想可言，但总能让人感到滑稽，给人带来欢笑，令人们忘却烦忧。在排忧解愁这一点上，它们比那些毫无特色的表演和乏味的演说有效多了。

鹦鹉受人的熏陶，似乎具备了人类的情感特征和生活习惯，本来毫无意识的它们变得爱憎分明、偏执、嫉妒、任性、喜欢炫耀等。人们温柔地爱抚它们，它们就对人回报以乖巧温顺。如果遇到丧事，它们仿佛也触景生情般悲痛不已，像人那样抽泣呜咽。它们甚至还会像人类那样，呼唤着死者的名字表达痛苦之情，它们此举反而又把人带回到悲痛之中。

啄木鸟

啄木鸟是候鸟，会随季节变化而迁徙。炎炎夏日，它们在阴凉的山林里居住；寒冷的冬天，它们就飞到平原地区的山边树林里过冬。啄木鸟以啄取树上的昆虫为生，当然，有时也到地面上觅食。它们捕食很有针对性，专门捕捉天牛、吉丁虫、透翅蛾等森林害虫。据说，一只啄木鸟每天能吃掉约1500条害虫，因此，它们享有"森林医生"的美称。啄木鸟有很多种类，有一种啄木鸟并不像它们的名字称呼的那样，能爬树、捉虫，这两种技能它们都不会，而是以吃地上的蚂蚁为生，因此，它们又被叫作地啄木鸟。

还有一种叫灰头绿啄木鸟，它们身长27厘米左右，雌雄鸟长得很像。它们的差别在于颜色稍有不同，雄鸟整体上是绿色的背部，黄绿色的腰部和尾巴，红色的额头和头顶，而雌鸟却没有红色的额头和头顶。

在所有的靠自己劳动为生的鸟类中，啄木鸟付出的劳动最多，生活得最为艰难，因为大自然赐予它们的捕猎技巧太少，它们要想生存就必须付出比别的鸟更多的劳苦才行。它们从早干到晚，从小干到老，始终处于工作状态。大自然中几乎每种鸟都凭自己的特长、技巧生存，只有啄木鸟靠的是苦干。有的鸟跑得快，可以轻松追到猎物；有的鸟飞得快，可以敏捷地捕获目标；

有的鸟会巧妙进攻，往往一击即中，而这些优点特长啄木鸟通通没有。【排比：用排比的手法列举了多种鸟类的特征，充分体现出了啄木鸟必须具备的勤劳苦干、富有耐心等特性。排比使语势增强，特点也更鲜明。】它们只有一点点地、耐心地啄开坚硬的树皮，剥开紧实的木质纤维，付出一连串的辛苦劳动才能最终有所收获，获得藏在里面的昆虫。它们总是处于忙碌之中，一刻不歇，即使睡觉也习惯性地保持着白天工作的姿势。因为它们无法像其他鸟类那样拥有放松和游戏的时间，更不能放纵自己到空中来一段歌舞表演，也没时间和其他鸟类一样丰富自己的生活，参加森林音乐会。【对比：把啄木鸟和那些悠闲得可以放松跳舞歌唱的鸟类比较，让啄木鸟一生辛劳的形象更加突出地显现了出来，对比鲜明、具体。】它们的叫声尖利刺耳，声调凄凉哀怨，似乎在发泄自己心中的苦楚。由于它们总处于忙碌中，因此它们做事总是着急毛躁，脸上也总带着焦虑的神情。可能由于太忙而疏于打扮的缘故吧，它们看起来很丑，而且缺乏和同类交流的习惯使得它们很孤僻。

啄木鸟的爪子比较特别，上面有四个厚实有力的脚趾，分布在爪子的前端和后部，不同的是爪子后部的那个脚趾比其他的脚趾更细长，更强劲有力，前端附有粗壮尖利的弯爪，后端则长在后脚胫上。它们爪子的独特优势恐怕就是大自然赐予它们辛勤工作的有力工具。这对特色独具的爪子能让它们长时间攀附在树干上，而且可以灵活转动身体，转换方向。啄木鸟的喙应算作大自然的另一个恩赐，它们的喙尖尖的，像一把铁锥，锋利无比，【比喻：把啄木鸟的喙比作锋利的铁锥，很形象、贴切，而且突出了其锋利性。】

喙的末端却呈方形，竖着的方向有一个凹陷的沟槽，尖尖的喙端则平直，像凿子的利刃。这种坚硬有力的喙就是啄木鸟凿开树皮，找出深藏不露的害虫的绝好工具。啄木鸟脖子很短，肌肉发达，这可以让它们啄开树皮时能发力强劲而持续。一旦发现树里的害虫，它们就用如蚯蚓般细长、末端却又坚硬如骨的舌头探入树洞，挑出虫子吃掉。

啄木鸟的尾巴上生有10根长长的翎羽，向里弯曲生长，紧凑在一起。尾巴末端整齐得稍显光秃，两边生有硬毛，在它们攀附树木时能起到支撑身体的作用。当啄木鸟捕虫时，为了更牢固地抓住树干，更方便凿洞，它们总是倒挂在树上，这时尾部的硬毛就得发挥支撑的作用了。也许由于啄木鸟太擅长打洞，因此它们的巢穴也是选择树洞。它们每天就这样从一棵树凿到另一棵树，进进出出都是树，这让它们的翅膀似乎没有太大的用武之地了。

啄木鸟种类很多，但绿啄木鸟却是森林里最多、最常见的。春天到来时，一切树木恢复生机，就连绿啄木鸟也活跃起来，树林中到处传来它们喑哑刺耳的声音，它们最喜欢从一棵树飞到另一棵树时，在起起落落间啼叫。虽然它们大部分时间都用来攀附树木，凿挖虫洞，但飞行技术仍很出色。<u>它们一会儿从高处俯冲下来，一会儿又从低处一溜烟儿地蹿上高空，快速轻捷地在高空划出一条条优美的弧线，有时也像其他鸟那样，在空中静静停留，或是滑翔着飞过宽敞的开阔地。</u>【🏠动作描写："俯冲"、"蹿上"、"划出"、"停留"、"滑翔"等一系列动词生动贴切地描绘出了啄木鸟的飞行技术，让啄木鸟的形象富有动感，充满生机和活力。】在交配季节，它们会一直尖利地鸣叫，还伴有啾啾声，能持续30～40次，就像是大笑不止，在为自己庆贺似的。绿啄木鸟还有一点和其他鸟类不同，它们呆在地上的时间要更长些，它们呆在地上，把自己长长的舌头伸展开来，铺在蚂蚁经过的路上，等蚂蚁成群上当，它们就卷起舌头把蚂蚁吞掉。人们利用它们的这种特性很容易就能捉到它们。如果天气转冷，蚂蚁不再大批出洞，它们就把蚂蚁穴扒开一个大口，再把舌头伸进去，这样一来，蚂蚁和幼虫就会全进了它们的肚子。

在其他时间里，绿啄木鸟就<u>兢兢业业</u>地干它们的本职工作，

【产成语：拟人化的成语写出了啄木鸟做事谨慎、勤恳的样子。】

不停地啄树捉虫。它们工作时可能不太专心，总会把树皮给剥下来。绿啄木鸟啄木的声音很大，在树林中清晰可辨，人们甚至能数清其啄木的次数。由于它们工作时懒得变换姿势，因此人们很容易就能靠近它们。即使猎人到来，它们也仅仅是在周围转圈，不停地从这棵树跳到那棵树，跳来跳去都不会超出太大范围。据说，啄木鸟啄树时总不停地跳到树的背面去，以检查树干是否被啄透，其实它们只是为了防止那些被它们啄得受了惊吓的害虫逃跑。可也许它们只是通过声音来判断树干上哪里有洞，藏有害虫，或者哪里有洞可以用来做巢，这种说法可能更科学些。

绿啄木鸟和其他同类一样，住在虫子蛀空的树洞里。它们一般选择像松柳、垂柳等木质疏松的树建巢，而非木质坚硬的橡树、棕树，这一点是很明智的。绿啄木鸟的雌雄鸟很少分开，因此它们筑巢时也是共同劳动，只是分工不同。它们一起啄穿树干，把树心啄空，再拓宽成洞，最后清理啄下来的木屑和碎渣。它们的树洞并不直通见底，而往往是幽深曲折的，阳光也无法射进洞

里。它们就在这漆黑的洞里产卵，一般每次产四五枚。淡绿色的卵上带有黑色斑点。它们就在黑暗的洞里育雏。雏鸟几乎出生后不久就会爬树，再从树干上练习起飞，逐渐学会飞翔。

鹳

翅膀大、尾巴短的鸟类一般都拥有持久飞行的耐力，鹳也不例外。飞行时，它们的头尽量前伸，双腿向后蹬直，整个身子形成一条线，看起来像一条会飞的蛇。【⊙比喻：用蛇比喻飞行时身形呈线状的鹳，形象贴切，想象丰富。】鹳一般在高空飞行，而且它们身体强健，有暴风雨的恶劣天气也不能阻挡它们进行长途飞行。在平时，鹳一直在法国各地活动(注：《自然史》为法国博物学家布封所著，1749年首次出版。书中提到的鸟类迁徙活动均以法国为基准，本着尊重原著的精神，未作改动，下文类似的情况同此处理)，但到每年5月8日至5月10日，它们就跨越国界，迁徙到德国生活。16世纪瑞士医生、植物学家、现代动物学家、目录学的奠基人格纳斯认为，鹳在四月份会比燕子更早到达瑞士，有时甚至还要早于四月，而它们在二月末或三月就已经到达了阿尔萨斯。

鹳飞来了，春天也就随它们一起来了，因此它们被认为是春的使者。鹳飞回时也会回到原来的巢里，即使巢已经被破坏了，它们也会在原地或附近重建一个，这一点和燕子一模一样。它们一般选择像钟楼的垛墙、水边的大树，或陡峭的岩石顶部这样高高的地方。以前，法国人为了吸引鹳来筑巢，常在房顶上放置车轮，而且德国和阿尔萨斯地区的人至今还用这样的方法；荷兰人为了让鹳定居，则把方形木箱放在房顶上，算是给鹳一个便利的巢穴。

白鹳就其名字可知，它们身体大部分为白色，这种白色还稍微泛着金属的光泽，只在它们的尾巴末端点缀着点儿黑色。它们有着尖长的嘴巴，细长的双腿，而且二者都是红色的。【📖外貌描写：主要从色泽的角度描写了白鹳的外貌特征，给人一种真实而具体的白鹳的外形印象，语言质朴，描写全面。】它们常伸着细长的双腿站在池塘或沼泽边上，用它那尖长的喙觅食。水中倒映着它们白色的身影。红色的尖喙和双腿，看起来美丽极了。白鹳体形较大，外形与鹤及白鹭相似，飞行时敏捷而矫健，舒展自如。

　　黑鹳与白鹳一样，也拥有红色的喙和腿，相反的是，它们全身以黑色为主，仅胸部和腹部是白色的。经阳光照射，它们的背部闪烁着蓝、绿、紫等多种色泽，极具观赏价值。它们以在水塘里捕食青蛙、鱼和甲壳动物为生。

　　鹳常以金鸡独立的姿势休息，【✍成语：简短的成语生动贴切地形容出了鹳独腿站立的姿势，真实而形象。】把脖子蜷曲起来，头朝后缩至肩膀上。它们凭借敏锐的视觉，轻快地飞行在青蛙、蛇和小鱼较多的水边或潮湿的山谷中，捕食猎物。

　　鹳飞起来很敏捷，走起来也很轻盈，甚至透着优雅的气质，这跟鹤很像。它们经常富有节奏地大步行走，如接受检阅一般。鹳生气的时候会用喙反复挠啄，人们根据它们挠啄时发出的咯咯声，创造出两个象声词"噼噼啪啪"和"咯噜咯噜"，而古罗马作家彼特罗尼乌斯形容得更恰当，用"响板之声"描绘它们愤怒时的声音。

　　鹳天性温和可人，几乎没有什么难驯的野性，从不惧怕生人，这让它们很容易被驯化。人们经常把它们散养在院子里，它们在那里捕捉虫子和其他有害动物，可以称得上是人的好帮手。鹳像人一样很爱干净，因此为了不弄脏生活环境，它们排泄时会寻找偏僻之所。平常它们总是面带忧郁，甚至看起来无精打采、病怏怏的，但有时候也很活跃、欢快，只是这样的时候不多。【▣神态描写：用"忧郁"、"无精打采"等形容词形象化地写出了鹳惯有的没有精气神的样子。】一般和孩子玩耍、打闹会给它们带来好心情，唤起它们心底的快乐。鹳被驯化后寿命会很长，而且耐寒性也大大提高，甚至连中高纬度地区的严冬也能安然度过。

鹳被驯化后会有惊人的变化，不仅在生活习惯上，更是在行为品性上，像温顺、忠诚、友爱、和睦，还很有孝心等等，这所有的优良品质它们都能具有。生活中，鹳需要花很长时间哺育子女，一直到子女长大或是具有了自卫和其他生存能力后，才让子女单独生活。雌鹳是一位慈祥的母亲，当幼鹳离巢或练习飞翔时，做母亲的雌鹳总是用翅膀驮载着它们；危险面前，雌鹳也会挺身而出，小心地保护孩子。有人甚至见过雌鹳在不能保护孩子脱离危险时，选择和孩子一起死去的情景。鹳对驯养人充满依恋和感激之情。鹳在经过人的门前和外出时都会发出声音，似乎在向人们打招呼，告诉人们它们的行踪和去向。

其实这些还不足以让人惊叹，它们的反哺之情才真正让人动容呢。它们对年老体弱的父母照顾得无微不至，【�成语：简练的成语细腻地写出了鹳对父母关怀、照顾得非常细心周到，突出了鹳的这种优秀品德。】年轻的鹳总是一片孝心地出去捕食，再亲自送给行动不便的老鹳。有人说这可能只是偶然现象，但我们更愿意相信鹳本身就具有尊老爱幼的天性。鹳的存在应该是大自然对人类时常背弃孝道的一种警示吧。让鹳给人类做行孝的表率，这是否让人类感到羞愧呢？历史记载了希腊人制定"鹳"这种法律，强制人们履行赡养父母的责任和义务。在这种背景下，古希腊喜剧代表作家阿里斯托芬的讽刺人性的喜剧也应运而生了。3世纪的希腊作家埃利安肯定地认为，埃及人尊重并崇拜鹳，正是基于它们的这种优秀品质。现在人们受古人的影响，仍然坚信鹳的到来能给人们带来幸福。

鹭

鹭总会让人联想起生活凄苦、贫困潦倒的乞丐。它们唯一的谋生手段也和乞丐差不多，经常是埋伏在一个地方，一动不动，静静守候。这种纹丝不动的守候有时能持续好几天，甚至人们会误以为它们已经死了。鹭惧怕人类，因此想要清楚了解它们的具体生存状态，就必须从远处使用望远镜悄悄观察。<u>鹭静止的状态总是像睡着了一样，单脚立于石头上，直挺着身子，脖颈蜷缩起来，靠在胸部或腹部上，头和喙横靠在肩膀上。</u>【<u>动词：用"立于"、"直挺"、"蜷缩"、"靠在"、"横靠"等动词细腻生动地写出了鹭的静止状态，形象而贴切，使鹭的神态栩栩如生。</u>】有时保持这种姿势累了，它们也会换一种姿势，但换过的姿势只能让人看了更觉得不自然。

它们喜欢在水中跋涉，把头插在被水没过膝盖的双腿间，捕食随水游动的青蛙或小鱼。鹭的行动能力非常有限，有时它们只能等猎物送到嘴边才能享用。很多时候它们都在挨饿，有时甚至会在饥饿中痛苦死去。当天气转冷，水面结冰后，可怜的鹭又没有能力长途飞行，迁徙到温暖的地区过冬，因此，它们在寒冷的季节里会生活得痛苦而艰辛。有些博物学家误认为鹭可以冬去春回，过迁徙的生活，经事实证明这是错误的。只要细心观察就会发现，一年当中，寒风凛冽，大雪纷飞的漫长严冬里也会有鹭的身影，因此，鹭一年四季都不会飞离它们一直生活的地方。但它们在冬天因水面结冰而不得不离开小河，到稍微暖和的泉水边觅食。在此期间，它们看起来最富有活力，时常走来走去，像是在思索如何改善生活处境，不过更像是在靠积极的活动取暖。它们虽走来走去，但始终不会离开原地很远。

天气转冷，鹭会聚集起来。它们在天冷食物缺乏时忍饥挨饿的能力超乎人们的想象，寒冷似乎也对它们无可奈何。不过对于饥饿和寒冷，它们也别无良策对付，只能靠忍耐来挨过这段艰苦的日子。鹭被人捕获后常表现出强烈的消极反抗情绪，拒绝吃喝，即使人们主动给它们喂食，它们也无动于衷。这样的日子它们能坚持两周，直到重获自由或生命消逝。它们天生就具有精神忧郁的倾向，失去自由后它们的<u>忧郁</u>厌世情绪更被刺激得暴露无遗，【形容词：形象地描绘出了鹭的厌世情绪，生动而富有拟人色彩。】它们会因此而放弃生命。求生本来是大自然赋予一切生命的最珍贵的技能，可是鹭对此却毫不珍惜。能生则生，毫不惊喜庆幸；要死便死，也毫不怨恨惋惜，它们几乎就是这样被动消极地度过自己的一生。

鹭的生活一直处于孤独、悲惨和凄清中，几乎从没有什么变化起伏，也许只有在孵卵期它们才感到些即将成为父母的幸福和快乐。除此之外，痛苦和冷漠几乎贯穿了它们的一生。它们的凄苦大多缘于它们消极处世的态度。<u>暴风雨来袭，它们毫不避让，就只是呆呆地立在原地，或站在溪边的树桩上，或独立于被水淹没的石头上，任凭风吹雨打毫不变色。</u>【神态描写："呆呆"、"独立于"、"毫不变色"等词语丰富了鹭的神态，生动并富有变化。】

然而，在这样的天气里，其他鸟类早已飞回自己的安乐窝一家团聚去了。

鹭虽有细长的双腿，但却不擅长奔跑，这双腿仅仅是在白天起到支撑身体休息的作用；夜晚它们会短暂地飞一会，像是活动筋骨。鹭的叫声短促、单调、尖厉，稍带一些哀伤之情。任何一个季节，人们都能听到这种鸣叫。不过，有时这种叫声听起来更绵长，音调也更尖锐刺耳，那么，我们可以据此判断这只鹭正处于痛苦之中。

鹤

鹤 飞行时往往排成等边三角形，以便减少空气的阻力，让它们飞起来更轻松自如。它们一般会保持一种队形持续飞行很久，当然也会不断变换排列方式。但不管哪种队列，鹤飞起来都很优雅。如果它们在空中遭遇了蛮横霸道的鹰，它们也仍然会用排列紧密的队形来对抗突然的袭击。它们常在夜间飞行，往往还没看到它们的身影，就已经听见那种嘹亮悦耳的叫声了。这就好像是出行过程中的鸣叫开道似的，其实这是夜间飞行时，领头鹤和其他鹤在商量飞行路线呢。

根据观察，人们发现鹤在不同的天气和温度下会用不同的方式飞行。鹤的感觉非常敏锐，它们不必像人那样要依靠气象技术探知天气变化。白天，鹤群鸣叫代表即将下雨，叫声嘈杂而慌乱代表恶劣的暴风雨天气即将来临；早晨或傍晚，鹤群安静地飞过代表风和日丽；鹤群飞行时降低高度，或落于地面，也预示着暴风雨马上来袭。鹤需要助跑才能顺利起飞，<u>它们先是快跑几步，再张开翅膀，起飞成功后再加速振翅，蹿上高空。</u>【🏠动作描写："快跑"、"张开"、"振翅"、"蹿上"等几个动词充满动感地描绘出了鹤起飞的整个过程，准确生动。】

<u>夜晚降临需要休息时，它们就会聚在一起，安排好哨兵站岗放哨，确保安全的情况下才会安然入睡。</u>【👤拟人：生动的拟人手

法把鹤休息时十分注意安全的这种警觉性有趣地表现了出来。】此时的领头鹤却不敢稍有放松，它还得继续担负着警戒任务，伸长着脖子，四处观察，以便发生危险时能及时通知大家。鹤拥有相互交流思想的智慧，因此，普林尼认为，领头鹤就是为了迁徙才选出来的。在迁徙途中，它们听从头领指挥，调整队列，跟着一起出发，再同样返回。亚里士多德也曾说，鹤是所有禽类中最懂得结群行动乐趣的鸟类。

初秋时节，天气转凉，这预示着鹤即将迁徙。它们做好一切准备后，成群结队地飞往另一个温暖的天地里生活。这个季节里，人们会看到多瑙河流域和德国境内的鹤成群地飞往意大利。天气暖和的九、十月间，法国各省经常可以看到鹤，如果天气很好，即使到了深秋，它们也还会继续停留，一直到十一月份。不过，其实大部分鹤都只是匆匆过客，它们只是迁徙途中在法国稍作休整，并不会真的在法国停歇。第二年春暖花开的时节，人们又会看到排着整齐队列的鹤从南方回到北方，像是急着赶赴一个前一年定好的约定，非常准时。

山鹬

山鹬也属于候鸟，它们天性纯真可爱，甚至看起来有些傻乎乎的，人们很容易就能捉到它们。它们的肉质柔嫩鲜美。也许正是这两点原因，让它们成了猎人们最喜爱捕猎的鸟类。整个炎热难耐的夏天，山鹬都躲藏在凉爽的高山上，享受清凉，这样的日子会一直持续到霜降。十月初的时候，天气渐渐转凉，它们会从高高的比利牛斯山和阿尔卑斯山上下来，到内地丘陵附近的密林中寻找合适的住处，最后再飞往平原生活。

山鹬似乎不像大雁那样喜欢成群结队地活动，每当天气阴沉晦暗时，它们总是单独行动，或两只一起飞行。活动时，它们有时选在白天，有时选在晚上，可能要看它们的心情来确定出行时间。山鹬的活动场所一般选在大篱笆附近、矮树林和乔木林中，但它们可能更喜欢土地肥沃、地面上铺满松软落叶的树林。山鹬就这样躲藏着度过整个白天，而且躲藏得很巧妙，除了猎狗，很少有人能发现它们的踪迹。等到天色渐晚，夜幕笼罩一切后，它们会出来透透气在夜色的掩护下飞往林中空地，出来透透气，在柔软的草地上快乐地玩耍嬉戏，在潮湿的沼泽里洗澡，除去身上的污垢。【拟人：用生动的拟人手法把山鹬活泼可爱的形象细腻传神地展现在读者面前，尤其是"透透气"、"玩耍嬉戏"等词语更是形象并充满想象力。】山鹬的集体习性几乎就是每一个个体的生活习性，因为山鹬几乎就是一种完全没有个体特点的鸟。

　　山鹬的飞行状态往往因环境的不同而发生变化。飞出树丛时，它们会因翅膀的拍打而发出<u>扑棱扑棱</u>的巨大声响；【<u>拟声词</u>："扑棱"准确地描摹了山鹬翅膀拍打时发出的声音，并且动感十足。】飞越乔木林时，它们则选择笔直的飞行路线，不会发出声音；要是飞出灌木丛，它们会因为要在低矮的灌木中钻进钻出或躲避猎人而绕几个圈。山鹬不能高空飞行，即使飞得很低也不能持续很久，但它们的飞行速度极快，瞬间就能飞出很远。飞着的时候它们会猛然降落，就像突然失去翅膀般掉下来，一落地，它们就飞快地跑开，离开原地，跑几步停下观察四周是否有危险，确认安全后才再次放心跑起来。由于山鹬奔跑的敏捷身手和山鹑相似，因此普林尼把山鹬比作山鹑。当我们看见一只山鹬在一个地方摔倒了，即使马上过去寻找也不会有所收获，因为它们早凭借自己的敏捷反应跑得无影无踪了。

凤头麦鸡

凤头麦鸡是一种活泼可爱、喜欢蹦蹦跳跳的飞禽。它们起飞时很有特点，总是先叫一两声，好像在给自己喊"预备，起飞"一样，就连在寂静的夜晚飞行，它们也不会保持安静。它们的翅膀强健有力，有助于它们飞到很高的地方。即使是持续飞翔，这对翅膀也可以给它们提供足够的力量。落到地上的凤头麦鸡一会儿小跑，一会儿跳跃，一会儿又蹦又跳，撒欢得像个淘气的顽童。

【动作描写："小跑"、"跳跃"、"又蹦又跳"、"撒欢"等丰富的动词十分形象地描绘出了凤头麦鸡活泼可爱的形象，生动有趣。】

凤头麦鸡具有高超的飞行技巧，而且力量惊人，是很多擅长飞行的其他鸟类无法相比的。它们似乎想向世人炫耀，总在空中玩儿一些高难度的飞行杂技。一会儿来个倒挂金钟，腹部朝上；一会儿来个侧身飞行，像是要穿过狭窄的缝隙；一会儿又来个上下翻飞，让人眼花缭乱。【排比：富有气势的排比手法把凤头麦鸡的形象刻画得生动、具体，而且充满生机、活力和灵性，动感十足，俏皮可爱。】不管摆出多少种姿势，它们都能在空中把这种姿势持续演绎很久。

每年二月底三月初，长满绿油油麦苗的法国中部的大牧场上就会有成群结队的凤头麦鸡出现。早晨起来一看，草地上到处都是凤头麦鸡，密密麻麻不计其数。不管是在麦田还是草地上，它们都能很有技巧地挖出泥土里的蚯蚓。它们用自己的智慧，循着蚯蚓在土层里翻出的细细痕迹，然后轻轻刨开，蚯蚓洞就在它们面前显露无遗了。这时它们会踩平洞口松软的泥土，耐心等候蚯蚓自动现身。蚯蚓往往刚一露头就被它们逮个正着，变成了它们的腹中餐。晚上，凤头麦鸡又会换一个高招捕食昆虫。它们只是在草地上来回奔走，踩着青草的爪子就可能碰到出来纳凉或觅食的昆虫，这样它们就能毫不费力地抓住虫子饱餐一顿了。更有趣的是，它们还像人一样进行餐后清洗呢。用餐完毕后，它们要跑到水塘或小溪边仔细清洗喙和爪子，讲究卫生的样子还真像那么回事儿呢！

土秧鸡

土秧鸡擅长奔跑，生活在沼泽里。在沼泽的水草中，经常可以见到它们疾速奔走的身影，但遗憾的是，它们不擅长飞行，飞的时候显得笨重不堪。因此，它们只能做短距离飞行。虽然如此，它们却具有惊人的力量和不可思议的毅力，在迁徙的季节，它们能凭借这股力量和毅力飞过地中海。

在牧草茂盛的牧场上，常有一种沙哑的声音传出来，这种声音短促、尖厉，没有变化，听起来乏味极了，很像是人的手指在拨弄梳子的齿棱发出的枯燥声，【🔍比喻：把土秧鸡的叫声比作手指拨弄梳子发出的声音，形象准确，突出了土秧鸡叫声的乏味和单调。】其实这是隐身其中的土秧鸡的叫声。当有人走近后，声音就会突然消失；但当人再次离开，走到50米开外的地方，声音就又会清晰地传出来。由于不善飞行，人们靠近时，土秧鸡只是快速奔走着离开，并在地上留下一行清晰的脚印。在法国的5月10日到5月12日那几天，人们常能听到土秧鸡的叫声此起彼伏，不过还夹杂着鹌鹑的叫声。

虽不善飞，但土秧鸡用灵巧机敏的奔跑来掩护自己。当有猎狗追捕它们时，它们总能用各种策略逃过此劫。它们先是快速奔跑，然后猛然停下缩成一团，而此时的猎狗因速度太快，就会刹不住脚步而冲到了前面。【🏠动作描写："奔跑"、"缩成一团"等词语把土秧鸡躲避追时的灵敏性生动地表现了出来，准确又不失形象，有趣可爱。】就这样，土秧鸡利用这一瞬间的落差掉转头，返回原路，巧妙脱身。土秧鸡一般不选择飞翔，只有到了万分紧急的关头，它们才飞起来逃命。虽然飞起来显得很笨，但还是能让它们在短距离的飞行后找个隐身之所躲过灾难。即使我们看清了它们的降落地点，也无法捕捉到它们。因为那时，它们已经在草丛的掩护下奔跑得<u>查无踪迹</u>了。【✍成语：精简的成语形象地描绘出了土秧鸡逃跑的速度之快，转眼间就一点踪迹都没有、不知去向了。】

在迁徙季节里，土秧鸡也必须依靠它们并不擅长的飞行像大雁一样飞越很长的距离。可能是不想让人看到它们愚笨的样子，它们一般选在夜间飞行，凭借自己强大的力量和风的帮助，飞到法国南部，作短暂的休整后，再飞过地中海。由于距离太长，在穿越地中海的漫漫旅途中，很多土秧鸡会因体力不支而葬身茫茫大海。在常年的迁徙中，已经不知有多少土秧鸡把自己的生命留在这片碧波荡漾的大海里了，土秧鸡返回时数量的减少就足以证明这一点。

鹈鹕

鹈鹕相貌奇特，而且关于它们，古代还有一个富有悲情色彩的神秘传说，这让很多博物学家都对它们产生了浓厚的兴趣。鹈鹕的喙下有一个很大的像是红色大口袋的奇怪东西，其实那是它们的食囊，可以用来储存食物。而吸引人的那个古代传说，其实原来是古埃及人用来评价秃鹫的。因为鹈鹕高超的捕鱼技术让它们的生活很富足，并不缺乏食物，也就不会有因食物缺乏而撕开自己的胸膛，用鲜血喂养幼鸟的事情发生。

鹈鹕体形较大，几乎和天鹅差不多。和其他水禽相比，鹈鹕体形应属最大的了，只是信天翁宽大的翅膀和火烈鸟超长的双腿让鹈鹕看起来并没有那么大。鹈鹕的双腿粗短有力，翅膀宽大强健，伸展开来竟有3米多长。宽大有力的翅膀让它们在空中飞行起来轻松自如，而且可以很长时间不拍打翅膀，让自己看似静止地停留在空中，其实它们是在享受轻盈滑翔的乐趣，更是在紧盯着水面等待目标出现。它们在空中静静滑翔时，一副悠闲的样子，【形容词：用富有拟人色彩的词语把鹈鹕滑翔时的具体神态贴切地展现在读者面前。】可一旦猎物出现，它们便会快如闪电，从高空直接俯冲到水里，用它那长长的喙准确无误地叼住猎物，这一连串的动作几乎在瞬间完成，还没等人看清，它们已经叼着战利品又回到天上去了。单独捕鱼时，它们就巧妙利用自身翅膀宽大有力的优势，用翅膀不停地击打水面，把水搅浑，这时，那些被搅得头晕目眩的鱼就只好任它们宰割了。【⚐成语：富有动感的成语把鱼头发昏、眼发花，感到一切都在旋转的形象刻画了出来，也突出了鹈鹕巧妙的捕鱼技巧。】它们有时也会团结合作，一大群鹈鹕有秩序地排列起来，围成一个包围圈儿，再一起朝前游动，逐渐缩小包围圈，最终使圈内的鱼只能坐以待毙，被一个个地装进鹈鹕宽大的食囊里了。

鱼一般在傍晚和清晨非常活跃，有时经常跃出水面，因此，鹈鹕也利用鱼的这种特点，在这段时间捕鱼，这样也可以省很多力气呢。它们先选择一个鱼群密集的地方，然后贴着水面飞行，挺直脖子，伸长嘴巴并插进水里，装上鱼再飞起，这样的动作要反复进行几次，直到它们的大口袋被装满。【🏠动作描写："贴着"、"挺直"、"伸长"、"插进"等词语把鹈鹕捕鱼时干脆利落的动作浅显易懂地描绘出来了。】它们的这种捕鱼动作干净利落，一整套做下来堪称完美。最后，它们带着满满一口袋鱼飞到一块安静的岩石上，把口袋里的鱼——翻到嘴里，细细品味，直到吃得心满意足，然后开始呼呼大睡，直到天色昏暗。

鹈鹕虽然体形较大，但它们却很容易被驯化。它们天性活泼，样子可爱，从不怕人，甚至习惯和人住在一起。那么贝隆在罗得岛看见鹈鹕在人烟稠密的城镇里随意散步也就不足为怪了。此外，德国著名学者库尔曼的故事里说，一只鹈鹕跟随着罗马帝国皇帝马克西米利安，随军队出征，虽然它翅膀宽大，但由于飞得太高，使得它看起来像是一只燕子。这也证明了鹈鹕和人的融洽相处。

一只鹈鹕体重可达12千克，和一个小孩的体重差不多。它们虽然很笨重，但飞行技巧却高超得不可思议。这主要是因为它们的体内满是大量的空气，这些空气可以让它们更轻松地浮在空中。再加上鹈鹕的骨骼构造独特，质地轻柔，而且细小透明，加起来大约也就只有0.75千克。鹈鹕有着很长的寿命，它们的这种独特的骨质也会随生命而延续，直到年龄很大才会硬化。由于这种特性，意大利著名学者阿尔德罗旺迪说鹈鹕没有骨髓。

军舰鸟

军舰鸟是最出色的飞行家，它们有足够的力量支撑其成为飞得最远的鸟儿之一。飞行时，它们展开巨大的翅膀，似乎纹丝不动，飘浮于空中，像一朵游动浮云，又如水中鱼儿自由地游泳，轻松自如。【 **比喻**：把停在空中纹丝不动的军舰鸟的样子比作浮云和鱼，既充分体现了军舰鸟的飞行状态，又写出了它们的自由自在，形象具体，充满丰富的想象力。】别看它们似乎很悠闲惬意，其实敏感性很高，只要有猎物经过，它们便像离弦的箭一样俯冲下去，速度之快，简直可以用风驰电掣来形容。【 **成语**：带有夸张色彩的成语生动地形容出了军舰鸟的速度之快，动感十足，想象力丰富。】如果遇到恶劣天气，暴风骤雨大施淫威时，它们竟然能蹿到风雨之上，在平静的高空继续享受飞行的快乐。在海面上自由畅游时，它们有时能一口气飞出几百千米之远。它们还非常具有执着精神，如果白天没有飞到既定海域享受美餐，那么晚上它们会接着完成剩余的路程。

像飞鱼这种需要迁徙的海洋鱼类，为了躲避金枪鱼和剑鱼的追捕，会不停地跃出水面，它们逃过一劫，反而可能又遭一难。因为此时，军舰鸟正紧紧盯着海面呢，只要飞鱼一跃出海面就可能成为它们的腹中餐。而军舰鸟也正是被这些迁徙的鱼群诱惑才到海上来的，因为它们不必费力，只要在海面上守株待兔就好了。【 成语：用短小精悍的成语比喻军舰鸟在鱼群迁徙时节不必付出辛劳就能轻松获得丰盛的食物，把军舰鸟飞行在海面上等待鱼群经过的情景形象地描绘出来。】鱼群迁徙时往往数量极大、密度极高，游动时会产生巨大声响，甚至连海面都会呈现白色，这既可能是鱼鳞泛出的光泽，也可能是鱼群搅起的水花的颜色。总之，这些明显特征，让在高空俯视的军舰鸟从很远的地方就能轻易发现。军舰鸟一旦盯上鱼群，它们就会从高空闪电般地俯冲下来，腹部几乎贴着海面飞行，但却不会接触到水。它们就这样跟着鱼群，沿途用爪子和喙捕鱼，对它们来说，这可真是一顿丰盛的鱼宴。

军舰鸟属热带鸟类，活动范围仅限于热带地区或热带以南地区的海面上，它们似乎天生具有领袖魅力，对其他热带鸟会产生神奇的控制力。因此，海军称它们为"战鸟"。军舰鸟蛮横霸道，会无理抢夺其他鸟类的食物，如遇抵抗，它们就用宽大有力的翅膀击打对手或用尖长的弯喙猛啄对手，最终通过武力获取食物。有时，由于贪婪，军舰鸟还敢倚仗自己的强大的武器和闪电般的飞行速度袭击人类。它们的好斗和胆大妄为，真是对"战鸟"这个绰号的极佳阐释。

军舰鸟的身体结构似乎天生就是为作战而生的，锋利尖锐的爪子、尖利并带有弯钩的喙、粗短有力的双腿，这些都是绝佳的、杀伤力极强的武器。【🏛外貌描写：通过对爪子、尖喙、双腿等身体部位的描写，向我们展示了军舰鸟威猛的样子。】它们尖利的弯喙，虽不完全像陆地上的猛禽的喙，但非常适合捕猎。它们的喙拥有自己独特的优势，细长，略有凹陷，最前端带有弯钩，看似是向两边分开，鼻孔虽不明显，其实就隐藏在这接缝处，这跟鲣鸟的喙钩很像。它们极快的飞行速度丝毫不影响它们视力的敏锐性，在这一点上，它们又和陆地上空的暴君——鹰很相似，因此，它们被称为海洋上空的暴君。虽然它们并不会游泳，但总体看起来它们似乎更适应生活在水里，因为它们具备了水鸟的特征，脚趾上长着半圆形的蹼，这和鲣鸟、鹈鹕很像。

和鸡相比，军舰鸟的体型稍大，尤其当它们的翅膀展开时，更显得它们的体型巨大无比，其翼幅有2.5~3.3米之宽，最宽的可达4.5米。这么宽大的翅膀恐怕就是为军舰鸟做远程飞行准备的。对于那些常年在海上做枯燥航行的航海者来说，军舰鸟是他们在不变的海天一色中看到的唯一点缀。翅膀硕大有优势，也有缺点，因为当它们要想在降落后重新起飞会花费很大的力气，有时还没起飞成功，往往已被人捕获了。但它们也比较聪明，往往选择岩石或树梢这样的高处落脚，以便于起飞和躲避猎捕。

天鹅

不论动物社会还是人类社会，那种依靠武力称霸的时代已不再兴盛了，现在更多的要靠仁义美德才能让人俯首称臣。不管是在陆地上奔跑的狮子、老虎，还是在天空中翱翔的老鹰、秃鹫，它们都是以善战称雄的。然而，天鹅的王者身份却完全不靠暴力取得，它们的高尚、圣洁和友善完全可以让其他动物臣服。

天鹅除了自卫，决不滥用武力，它们有足够的勇气和力量在自卫战中获胜，而这种胜利几乎是不可改变的。虽然如此，它们也决不会主动发起进攻。天鹅作为水禽们的和平君主，完全有胆识、有气魄去对抗空中的任何霸主。它们不停地拍打翅膀，以此来击败那些依靠尖利的爪牙拼杀的挑衅者。它们的翅膀强劲有力，既可以作为防护的盾牌，抵挡攻击，也可以作为武器打击敌人。正因为如此，天鹅的敌人在猛禽中并不多见，也就只有凶猛的鹰敢于袭击天鹅，其他的猛禽则对天鹅常怀敬畏之心。

在繁杂的水禽世界，天鹅虽说有着王者的身份，但它却是以朋友的姿态来关爱着其他水禽。天鹅作为一个温和的领袖，渴望着安宁、和平和自由，它们从不滥用权威，在国民中得到多少就会奉献给国民多少。【⚲拟人：把天鹅比拟成温和的领袖，突出了天鹅温厚、仁义的形象，语言也生动而富有情趣。】因此，其他水禽不是惧怕它，而是对它怀着敬重之心、钦佩之情。

天鹅不仅面貌姣好，举止优雅，而且它们天性温和善良，外在美和内在美相得益彰，给人以赏心悦目之感。天鹅到了哪里，哪里就会因它们的到来而熠熠生辉。人们对它们报以欣赏、喜欢、宠爱甚至是叹服，这些是其他任何禽类都不可能全部得到的。大自然赋予了天鹅应有的一切高贵和优雅，也让它们得到了人类倾尽所能的赞美和赏识。

天鹅还被人们当作是爱情的使者。古希腊神话中的世界第一美女是天神宙斯和斯巴达王妃勒达的女儿。据说，宙斯暗恋着勒达，就变成天鹅飞在她的身旁。他们相爱后生下了一对双胞胎，即波克斯和海伦，海伦的美貌引发了特洛伊战争。从上面的论述看，这个美丽的神话或许有一定根据。

天鹅游水时高昂着脖子，胸脯丰满，如大海上劈波斩浪的船头；紧实的腹部犹如宽阔的船底；划水时，向前倾斜着身子，以便加快游水速度，越靠前部位越倾斜，以到尾部高高翘起，就像船舷；尾巴就是船舵，掌控方向；宽大的脚蹼就是有力的船桨；翅膀半张，迎风鼓起，犹如风帆，推动船只向前进发。【◎排比：用细腻的排比手法把天鹅游水时各个身体部位的具体状态和不同的动作形象地展示出来，使人感觉一只天鹅就在眼前。】天鹅轻快敏捷的游水姿势，给人类提供了天然而完美的航行模型。

天鹅向往自由，喜欢无拘无束地在湖泊、池沼里游玩，人们无法用强力囚禁它们，一旦失去充分的自由，或是遭到奴役，它们就不会在那里过多地逗留，更不会在那里安家。它们习惯了自由和无拘的生活，在水里不受束缚地遨游后，或优雅地走到岸上，或游到水中央，在水中顾盼神飞；【㘸成语：拟人化的成语把天鹅左右顾视、目光炯炯、神采飞扬的神态具体又传神地体现了出来。】或沿着水岸到下游休息，有时也藏在密密的灯芯草丛中，钻到僻静的港湾里；然后再回到有人的地方，享受与人们嬉戏逗乐的情趣。天鹅似乎很愿和人交往，从不认为人是主子或暴君，它们更愿把人看作自己的朋友，平等交流。

天鹅的一切都优于家鹅。就食物而言，家鹅的饮食粗劣，仅是丛生的野草或是其他植物的种子；而天鹅的饮食很讲究，它们总是选择精美的、与众不同的食物，它们捕鱼为食，灵巧的技法展现了它们拥有的智慧。天鹅浑身充满了勇气和力量，不害怕任何暗算和偷袭，知道怎样躲避进攻或是抵抗敌人。一只水中的老天鹅对付一只大狗是轻而易举的事。它们挥动翅膀击退敌人，力量之大，即便是人的腿，也有可能被打断。

天鹅虽可以人工驯养，但这让天鹅失去了原有的美妙悦耳的声音，那种叫声浑浊嘶哑，有点像哮喘病人的喘息声，也像俗语所说的"猫念咒"，古人也诙谐地称为"独能嚷"，这是根据谐音而得来的称呼。它们的叫声很像是在发泄愤怒或表达恫吓。古人笔下那些能用动听的声音和鸣的天鹅显然不是这些声音喑哑的驯养天鹅。野天鹅较好地保持了它们的自然天性，叫声清脆悦耳、圆润饱满。野天鹅的鸣叫，像一首节奏舒缓、婉转悠扬的乐曲。【◎比喻：把野天鹅的鸣叫比作乐曲，生动形象地写出了天鹅的鸣叫非常优美动听。】只是天鹅的音调过于尖细，不像其他鸣禽的和声那样富有变化，缺乏应有的音节转换，这是让人略感遗憾的地方。

在古人眼中，天鹅是一位天才的歌手，能神奇地感知生命。据说，它们在弥留之际会发出一种温柔、感伤、哀婉的声调，像是给自己唱一首挽歌，哀伤而深情地告别生命。<u>歌声的曲调幽怨、低沉，如泣如诉，不绝如缕。</u>【∆比喻：把天鹅幽怨的歌声比作人的哭诉，声音绵长犹如丝缕，想象细腻传神，而且让抽象的声音变得可感可触，景象如在眼前。】古人还说，只有在旭日东升、风和日丽的天气里，人们才能听到这种歌声，甚至有人看到天鹅在自己哀婉的鸣叫声中气绝身亡。

自然史上，哪一个逸闻传说都不是随便虚构捏造的，在古代社会里，也没有比这更动人、更可信的寓言了。这个传说使古希腊人丰富的想象力得到了充分的发挥，不论是诗人还是雄辩家，甚至连哲学家都对它充满好奇与深深的留恋之情。这个传说深入人心，他们根本不愿去怀疑它的美丽和真实，和那些枯燥乏味的事实相比，人们更愿相信这个杜撰的寓言。每当一个伟大天才即将去世，他的最后一次出色表现总会被人们无限感慨地联想到天鹅临终时的鸣叫，并哀伤地称之为"天鹅之歌"。事实上，天鹅临终时的鸣叫决不是对死亡的赞美。

鹅

虽然鹅跟天鹅外貌相似，名字也只有一字之差，但它们并不属于天鹅这个种群，也不是由天鹅驯化来的，它们是驯化了的一种雁。在家禽中，鹅很不受欢迎，不知是否是出于嫉妒，因为鹅是家禽中优点最多的。它们虽然身材肥胖，甚至有些臃肿，但它们姿态挺拔，总是<u>昂首挺胸</u>；【✦成语：富有动感的成语把鹅斗志高、士气旺的具体神态形象地描摹了出来，使鹅的形象生动而又可爱。】虽然走路缓慢，甚至有些<u>蹒跚</u>，【✦形容词："蹒跚"一词把鹅走路摇来晃去、缓慢悠闲的样子形象地体现出来。】但它们步履庄严，甚至有那么一点高贵的气质。它们有着狗一样敏锐的警惕性，因此也可以执行看家护院的任务；它们的肉质细嫩鲜美，常被做成各种美味佳肴，出现在人们的餐桌上；它们通体洁白，羽毛精致、紧实，适合做成衣服御寒；就连翅膀上的翎羽也可以制成笔。

既然鹅和天鹅很像，因此人们又像将驴和马比较一样，总是拿二者比较。在所有动物中，那些美丽优秀的动物几乎博得了人们全部的赞美，即使稍有瑕疵，人们也总是对它们报以宽容，而那些次等动物总是被苛刻地比较，得到的只有鄙夷和不屑，像鹅和驴一样都不能获得它们应得的价值评判。人们忽视了次等动物的真正品质，因此它们就显得更加卑微。我们不妨先把天鹅放在一边，体会一下鹅在所有的家禽中是多么的优秀。

养鹅比较简单，花费不多，无需精心照料。它们适应性很强，很容易和其他家禽共同生活，也能忍受和其他家禽被关在同一个笼子里。不过，这种强制性的生活方式，并不利于鹅天性的发展。饲养大群的鹅，还是应该选择水边或河滩，最好是宽阔的河滩、长满草的空地，让它们自由自在地吃草、嬉戏。但是人们一般不允许鹅进入草地，否则，鹅的粪便会烧坏嫩草，甚至觅食时它们会将草连根拔起，破坏性较大。人们总是小心翼翼地让它们远离麦田，只有等到收割之后，它们才有到麦田里自由活动的机会。

公鸡

公鸡走路时显得庄重、稳健，不过略显迟缓。它们虽有翅膀，但太短，已经失去了飞翔的能力。清晨或黄昏，公鸡时常啼叫，声音清脆高亢，与母鸡咯咯的叫声完全不同。它们时常四处刨土，寻找食物，甚至吃一些沙子和小碎石，公鸡并不是把这些东西当作美食，而只是为了帮助消化而已。它们喝水的样子很有趣，先慢慢低下头，把水含在嘴里，然后仰脖一饮而下。公鸡头上的鸡冠，像一顶颜色鲜艳、质地柔软的帽子，肉嘟嘟的；它那尖尖的嘴巴下还有一对鲜红多肉的膜，但实际上它不是肉，而是一种特殊的物质。【外貌描写：通过视觉、甚至是触觉描写把公鸡可爱的外貌展现给读者，使人对其产生一种喜爱之情。】

身体强壮的公鸡一般都拥有一双神采飞扬的眼睛。它们神态傲慢，经常迈着潇洒的步子在院子里昂首阔步地走来走去。【神态描写：用"神采飞扬"、"傲慢"、"潇洒"、"昂首阔步"等一些词语把公鸡的具体神态生动细腻地呈现出来，让公鸡的形象更加丰满，富有生机。】要想得到纯种的鸡，就必须选择同一窝的母鸡和公鸡，然而，要想改良鸡种，就得让各种鸡杂交。挑选优秀的公鸡，就要遵循以下的原则：眼睛有神采；鸡冠鲜艳亮泽，能随行走或转头而摆动；身体强健无病；体形匀称健美；羽毛宽亮紧实；腿粗短有力。公鸡在对母鸡的关照上表现出色，经常耐心细致地照料母鸡。当母鸡烦躁不安时，它们会为此忧心忡忡。它们时刻紧盯鸡群，带领并保护着母鸡，唤回走远的母鸡。一旦遇到危险，它们会立即向所有母鸡发出警告，让它们保持警惕。只有当全部母鸡在自己身边吃食时，它们才能安心进食。公鸡经常发出不同的叫声，其实那是它们在同母鸡讲话。它们会为失去母鸡而遗憾地哀啼。公鸡十分花心，但它们不会因此而让任何一只母鸡受到冷落。它们虽然嫉妒心很强，但只会用在竞争对手身上。如果有另一只公鸡闯入它们的领地，它们会毫不客气地表现出愤怒，羽毛竖立，眼睛喷火，和对手拼个你死我活，直到把对手击败，它们才雄赳赳气昂昂地唱着凯旋之歌，走出战场。【🏠神态描写：通过对眼睛、羽毛等身体反应的描写，把公鸡遇到入侵者时强悍和无所畏惧的表情形象地体现了出来，充满动感和丰富的想象力。】

公鸡既不生蛋也不孵蛋，它们只为延续后代而存在。一般情况下，一大群母鸡只需要一两只公鸡，如果数量多了，公鸡会为争夺母鸡而打斗。清晨，公鸡会准时报晓，通知人们天快亮了，古人就是以此来判断时间的。这也可以算作公鸡的另一个作用了。

母鸡

母鸡同女人一样，十分乐意抚育子女，并且积极而热情。对于那些尚未出生的生命，它们总是无微不至地细心呵护，甚至愿意为子女付出一切。小鸡出生前，母鸡便几乎寸步不离地专心守候；出生后，它们的母爱就表现得更为浓烈。此外，母鸡还要辛勤地找食、喂食，如果食物不够，它们就得刨开泥土，到土层下寻找食物。一旦有小鸡走远或迷路，母鸡就会十分<u>焦虑</u>，【☞形容词："焦虑"把母鸡丢失孩子或看不见孩子时急切的心情形象生动地刻画了出来，也突出了母鸡对子女的关切和爱护。】直到用自己充满爱意的叫声唤回小鸡，重新回到它们翅膀的庇护下，才会恢复平静。如果一只母鸡羽毛竖立而蓬松，翅膀伸展而不时地扑腾，声音和神情丰富而富有变化，母爱浓烈，那么它一定是一只带领小鸡的母鸡，相反的则是其他母鸡。

危险来临时，母鸡会不顾自己的安危，拼命保护小鸡。母鸡平时并不勇敢，但如果有老鹰从空中盘旋俯冲下来威胁小鸡，那么母鸡立刻会变得英勇无比，勇猛地冲上去，试图用大声的鸣叫和翅膀的拍打吓退老鹰。事实上，这也往往能奏效，敌人会因母鸡无畏地抵抗而离开，寻找别的容易得手的猎物。

以上可以证明，在对子女的关切这一点上，母鸡和人类女性是一样的，但这些并没有让它们获得多少赞美。因为它们同样有热情孵化其他禽类的蛋，比如鸭蛋，而且它们永远也不知道自己不是小鸭的母亲，只是充当了奶娘或保姆的角色。鸭子有喜爱游水的天性，当小鸭钻到河里玩耍时，母鸡就焦虑地在岸上走来走去，徘徊不止，有时甚至跟着小家伙走到水里。【🚪动作描写："走来走去"、"徘徊不止"、"跟着"等一系列动词把母鸡作为母亲的着急、担心的心理生动地描绘了出来，细腻生动。】可惜的是，它们天生怕水，不得不重新回到岸上，这真是可怜天下父母心呀！

虽然延续后代必须有公鸡，但真正主要而繁重的工作都是母鸡做的，它们生蛋、孵蛋，更重要的是要照顾小鸡远离危险，英勇无畏地保护小鸡，让它们健康无忧地成长。

孔雀

如果只是以美来评判动物的等级，而不是以暴力为标准，那么孔雀一定能当选为最美丽的君主。孔雀天生高贵，它们体形高大魁伟，举止庄重斯文，相貌端庄美丽，气质高贵典雅，身段曼妙柔美。它们的冠羽犹如用五彩丝绒做成的王冠，在头顶熠熠生辉。它们身披华丽的羽毛，色彩缤纷，闪耀着宝石般璀璨的光芒，犹如一道绚丽的彩虹。【🏠外貌描写：通过对孔雀的体形、举止、气质、身段和冠羽、羽毛的描写，把孔雀光彩照人的外貌形象生动具体地展现在读者面前，语言描写细腻传神。】总之，孔雀的美是无与伦比的。

春天，山花烂漫的季节，雄孔雀总是展开自己宽大的尾羽，悠闲地在人们面前漫步，似乎是在炫耀。如果有雌孔雀到来，雄孔雀更是会刹那间变得光彩夺目，连眼睛都散发出兴奋的光芒，表情也变得十分生动，不停地摇动头上的冠羽，像是在向雌孔雀致意，或是吸引雌孔雀的注意力，宽大的尾巴全部展开，让雌孔雀能把它们的美丽尽收眼底。此时，雄孔雀还会把脑袋和脖子朝后转去，显示自己的高贵和优雅，在绚丽夺目的尾羽衬托下，整个儿显得越发迷人。这就是爱的力量吧，爱的激情更为雄孔雀披上了一层风采与神韵俱佳的光辉。雌孔雀和雄孔雀比起来就没那么美丽了，但它们一样讨人喜欢，可爱极了。

美的东西总是不长久的，孔雀美丽的羽毛也会每年脱落。此时，孔雀似乎不愿人们看到它们卸去美丽妆容的样子，常会为此而感到羞愧。【❀拟人：用拟人化的语言生动地写出了羽毛对孔雀的重要性，语言形象化，而且非常有趣。】于是，它们就藏身幽暗僻静之所，远离人们的视线，直到明年春天再次变得光彩照人为止。这时，它们会重新回到备受瞩目的舞台，演绎的自己美丽。

有人认为，孔雀能懂得人们的评价，因此，只要人们对它们大加赞赏，并用温和、专注的目光看着它们，它们就会回报以美丽的尾屏。想让孔雀开屏的最简单的方式，就是对它们投以专注的目光，同时加以赞许。相反，如果人们对它们的美丽视而不见，或无动于衷，不表示任何评价，孔雀便会因失望而收拢羽毛。它们可能认为，美只有显示给懂得欣赏的人看才有价值。

山鹑

雄山鹑可以和雌山鹑一起照料幼鹑，但不负责孵化它们。山鹑一家经常一起外出，带领孩子到处游逛，它们可不是闲逛，而是让孩子辨认哪些是可以吃的食物，教它们如何使用脚趾取食。在野外，老山鹑总是慈爱地蹲下身，用翅膀保护着它们的儿女，而幼雏总是好奇地伸出脑袋，用充满新鲜感的眼神探寻这个陌生的世界，这是多么温馨的一幅画面啊。【🎬动作描写："蹲下"、"保护"把老山鹑的爱子之心贴切而感人地刻画了出来；"伸出"、"探寻"使小山鹑的可爱形象跃然纸上，传神极了。】

即使是一个喜欢捕猎的人，也往往会因此而动容，或许会放弃捕杀它们的念头。如果有猎狗出现在山鹑一家附近，作为父亲的雄山鹑就会立刻发出特殊的叫声，并飞快地跑到三四十米远的地方，用翅膀击打猎犬。对儿女的爱护能使这些害羞的动物产生惊人的勇气和巨大的力量，奋不顾身地冲向敌人。

山鹑很聪敏，在紧急时刻，它们会分工合作，采取迂回的策略，更谨慎、更巧妙地引开敌人。大敌当前，雄山鹑也会用伪装的方法迷惑敌人。它们在稍稍露面之后便装作匆忙而慌张地逃跑，拖着笨重的身体，仿佛受伤般耷拉着翅膀，以这些假象麻痹敌人，【🎬动作描写："装作"、"逃跑"、"拖着"、"耷拉"等词语生动形象地再现了山鹑在危险面前善于伪装的聪明表现。】好让敌人放松警惕，产生轻敌心理。就这样，雄山鹑能跑出很远，并且不被捉住，小山鹑也就暂时安全了。雌山鹑在雄山鹑跑开后，立刻沿着山沟回到儿女身边，把孩子一个不少地聚拢起来，趁猎犬被引开还没回来，把它们带离是非之地。整个逃跑的过程计划得非常周密，执行得非常谨慎，绝不给猎人任何捕获它们的机会。

嘲鸫

嘲鸫的歌声悠扬动听，可以和夜莺相媲美。这缘于它们喜欢模仿其他鸟类的叫声，并以此自娱自乐，它们的名字也是这种爱好的体现。但嘲鸫歌唱不是为了炫耀，获得多少赞美，而只是为了挖掘自己的潜能，训练自己。就这样，它们不停地歌唱着。

嘲鸫的歌声不仅优美动听，而且妙趣横生。它们的歌唱只是为了传达内心的愉悦。它们陶醉在自己的歌声里，不时地配以自己创作的舞蹈，并不停地变换着节奏，时而用自己天生的音调，时而用后天学来的音调。它们唱歌时的样子可爱有趣，通常是先缓缓抬起翅膀，仿佛在做一个邀请的姿势，然后在低下头的同时放声高歌，一连串的动作熟练而富有技巧，就如一场生动的舞台表演。起初，它们的动作和歌声并不协调，唱一阵之后，动作才完美起来，摇动翅膀应和节奏，简直配合得<u>天衣无缝</u>。【⚘成语：短小精悍的成语刻画出了嘲鸫歌唱和动作自然完美的配合，浑然一体，没有破绽。】

嘲鸫在空中飞翔，总是不断地用自己的飞行路线画出一个个交错的圆圈，过一会儿后，又沿着一条弧线玩起了忽上忽下的高难动作，它们总是用一个个抛物线的形式展示自己高超的飞行技术，又时常在树顶上空无拘地翱翔，然后减慢速度，甚至停留于空中，似一朵飘浮的云。【🏠动作描写：用"画出"、"忽上忽下"、"展示"、"翱翔"、"停留"等细腻地刻画出了嘲鸫在空中飞翔的美丽姿态。】它们边飞边唱，歌声变化无穷，起初清脆响亮，接着音调逐渐降低，直到最后寂寂无声，丰富的表现力让人佩服得五体投地，像一场高雅的音乐会，结束了还让人回味无穷。

夜莺

提起夜莺，感情丰富细腻的人一般都会联想起微风习习、温馨浪漫的春夜，在那个时刻，空气里弥漫着清香，周围一片宁静，整个大自然都沉浸在夜莺如天籁般的歌声里。当夜莺展喉歌唱时，林中的其他歌手如云雀、金丝雀、燕雀、鹰雀、朱顶雀、金翅雀、乌鸫、嘲鸫等鸟，都会闭口噤声，似乎不愿在夜莺面前班门弄斧。【斧成语：用简短形象的成语比喻其他善于歌唱的鸟雀在夜莺这个行家面前卖弄本领，会显得不自量力。】只有夜莺停止歌唱时，它们才会重拾自信，欢快地唱起来。林中歌手也有特别出色的，它们的声音也柔和亮丽、技巧高超，可一旦夜莺一展歌喉，其他鸟的歌声就显得黯然失色了，其他鸟也的确感到自愧不如，但也决不心生嫉妒。夜莺的歌总在不断地创新，从不会重复至少不会被迫重复，唱同一首歌，只要它们一开口就总是让人惊喜不断、耳目一新。即使它们要重新唱某一段，也会抛弃原来的调子，使用新调子，让这一段旧歌焕发新的生机。它们会的曲调数不胜数，而且会灵活选择不同的方法表达感情，比如用音调高扬来增强歌声的表达效果等。

夜莺这位天才歌手或歌神，准备唱歌时，会先用一串或细腻或含混的音符调试它们的嗓音，这让聆听者感到新鲜有趣，然后它们再用饱满的音色激情迸射、感情充沛地展示它们的歌唱技巧。【

拟人：把夜莺比拟成歌手，用一连串人类的动作准确又形象地描绘出了夜莺唱歌时的技巧和神态，活泼有趣。】铿锵亮丽的琶音，轻快悦耳的和弦，急速迸发的音群等，都悠扬流畅。它们的音调时而清晰明快，充满阳刚之气，时而哀怨低沉，透出阴柔之美。由于夜莺唱歌时发自内心，是真情流露，从不刻意雕琢，因此经常使听众深受震撼。曲调热忱奔放时听起来像情郎在和爱人绵绵私语。

【🔍比喻：把夜莺的歌唱比作情郎的私语，生动写出了夜莺歌声的缠绵深情，生动又充满韵味。】遇到心仪者，它们会和情敌公平竞争、一决高下。人们对夜莺的美妙歌声总是百听不厌，并常听常新，心灵不断地被打动。人们在反复欣赏时，还总是害怕错过几个音符，接着听到的音符更是让人感觉飘飘若仙，如临仙境，人们绝不会为错过的音符感到遗憾，因为接下来的音符绝对可以称得上是人间绝品。

20秒钟的时间里，夜莺可以连续不断地鸣唱，每个乐段都有一气呵成的感觉，其他鸟和它相比就只好甘拜下风了。在整首乐章里，音调繁多，变化不断，人们有时能听到16种之多。它们的歌唱才能是大自然赋予的，但它们懂得即兴发挥，根据不同感情的需要变换音调，把自然的恩赐发挥到了极致。它们的歌声还很嘹亮，有着极强的穿透力，甚至在1千米之外的地方都能听到。天气晴朗的日子会传得更远，人们在远处就可以清楚地欣赏到夜莺的歌声。

✿ 燕子 ●

燕 子属迁徙鸟类，它们在法国中部地区过冬，春分后不久就飞回法国北部。它们的迁徙往往很准时，不管二月和三月初的天气多么温暖怡人，也不管三月底和四月初的天气怎样寒冷恶劣，它们都不会停止迁徙的脚步，一定会按时出现在法国的不同地区。

　　燕子是益鸟，可以称得上是人类的朋友，可天下总会有那么一些无聊卑鄙之人，为了寻求刺激，炫耀自己高超的捕猎技术，就把捕杀燕子作为满足他们私欲的手段。可是燕子似乎缺乏对这些人的警惕意识，当猎人举枪瞄准它们时，它们却毫不躲避，甚至不害怕轰鸣的枪声。那些可恶的猎杀者并没有意识到自己的荒唐行为其实是在损害自己的利益，因为燕子以捕食那些危害人类庄稼和林木的库蚊、象虫等害虫为生。燕子的减少就等于害虫的增加，也就意味着庄稼和林木将遭受更大的破坏。

　　很多昆虫往往随天气变化而不断改变自己的飞行高度，因此，燕子的飞行高度也在不断调整。雨天或冷天里，燕子就贴着地面飞行，捕食那些降低了飞行高度的昆虫。它们经常身手敏捷地掠过大地，啄食落在植物茎梗、草地或者道路上的食物。燕子有时也使出绝技，掠过水面时将自己半浸在水里，搜寻水面上的昆虫；【🏠动作描写："掠过"、"半浸"、"搜寻"等动词形象准确地刻画出了燕子觅食时的轻巧动作，让燕子的形象更鲜明。】有时人们还会看到燕子一头撞到蜘蛛网上，但不必担心，那是因为食物匮乏，它们在和蜘蛛争夺食物呢。这时，它们连蜘蛛都有可能吞下。

夜莺飞行时常张着嘴，这样就会发出一种嘶哑的嗡嗡声，但燕子飞行时却不这样，也没有声响。燕子没有宽大的翅膀，也缺乏强大的力气，动作也不够灵活，但这些都掩盖不了它们飞行时的轻盈和优雅的姿态。敏锐的视觉可以让燕子在高空看见很远的食物，而且它们能更好地发挥了双翅的全部力量。燕子天生具有飞行的本领，而且它们乐于享受飞行，就连吃食、饮水、洗澡，甚至是喂食幼鸟，这些几乎都是飞着完成的。

广阔的天空是燕子自由驰骋的领地，在那里，它们细细品味飞行的乐趣，喃喃吟唱自己的幸福心声；在那里，燕子用双翅勾画自己美好的生活蓝图。【拟人："品味"、"吟唱"、"勾画"等拟人化的词语生动有趣地描绘了燕子在广阔天空下自由生活的状态，让人产生向往之情。】它们可以在持续的高速飞行中，花样翻新地变换飞行路线，时而互相交错，时而高高低低地垂直地画出平行线，时而隐身不现……真是让人一会儿因频繁变化而眼花缭乱，一会儿又为它们的惊险表演捏一把汗，一会儿又为它们的完美舞姿惊叹不已……【排比：用富有气势的排比形象地描写出了燕子动作不断变换着的高超的飞行技巧，语言活泼，富有动感。】这样精彩绝伦的场景真是无法描绘，更是无法说清呢。